南海文库

主编 朱锋 沈固朝

世界主要大国海洋经略：经验教训与历史启示

冯梁 主编

U0249924

南京大学出版社

前　言

在当今世界大国历史进程中,英、日、印三国显然具有典型的研究意义。英国作为老牌帝国和海洋大国,在历史发展进程中具有深厚的海洋观积累,其历史发展和海洋的辩证关系对一个正在崛起的大国具有典型意义。日本作为一个后起的海洋大国,在其国家发展过程中,在海洋发展和陆地进取之间相当长时间里摇摆不定,导致了国家发展的极度不稳定和战略失误。总结其国家进程中海洋观发展的曲折经历,对中国显然具有借鉴意义。印度作为典型的陆海复合型国家,建国后相当长时期其战略方向主要在陆上,进入新世纪以来,印度对海洋有了全新的认识,采取了多种手段提升海洋在国家发展中的地位。印度与中国同为陆海复合型国家,同处于国家崛起过程中,且历史经历具有相似之处,因此,研究其海洋观及其对国家发展的意义,对中国的海洋发展具有重大的现实意义。德国和俄罗斯具有与中国同样的地缘政治特征,美国则是当今世界唯一的超级大国。研究德国、俄罗斯在争取成为海洋国家过程中的教训,总结美国在保持世界海洋大国地位过程中的做法,对中国的海洋发展也具有补充意义。

一、影响海洋大国发展的主要因素

影响国家海洋发展的因素有许多,一些属于恒久因素,如国家的自然特征或属性。诚如马汉所言,具有较好的地理特征的国家,通常较其他地理条件并不优越的国家,更具有向海洋发展的有利条件。另一些属于耳熟能详的因素,如国家综合国力和海洋实力。没有强大的综合国力作支撑,任何国家谋求向海洋发展,最终只能是望洋兴叹。然而,国家自然特征具有向海的一面,并不一定能自然引导国家谋求向海发展。日本的地理特征属于典型的海洋国家,但日本近代初期采取严格的"锁国政策",使日本四面环海却"背向大海",打断了日本在德川幕府之前一度出现的向海洋发展的势头,客观上推迟了日本了解世界、及时吸收欧美文明、促进国家发展的进程。更为严重的是,锁国政策促使日本民族性格内向化,形成了战略心胸狭隘、排斥异族等"岛国根性",而这种"岛国根性"对后世日本的战略思维和行为具有重要影响,反而会对其海洋发展产生不利影响。印度在地理属性上也具有相比于其他国家更大的优势,三面环海一面向陆。曾如印度海权之父潘尼迦指出:"印度洋和太平洋、大西洋不同,它的主要特点不在于两边,而在于印度大陆的下方,它远远深入大海一千来英里,直到它的尖端科摩林角。正是印度的地理位置使得印度洋的性质起了变化。"[①]印度具有向海洋发展的自然优势。但在历史较长时期内,印度是"海洋盲人(maritime-blind)"[②],并未见其自然属性上向海发展所带来的优势。

　　先进的战略思想,对国家的海洋发展同样会产生深刻影响。英吉利民族具有深厚的历史文化底蕴。英国文化中重视面向海洋、依赖海洋发展的内涵[③],造就了其独特而先进的战略文化传统。这些战略文化传统反过来又影响英国的海洋发展。对英国早期殖民扩张颇有贡献的沃尔特·雷利(Walter Raleigh)爵士曾指出:谁控制了海洋,谁就控制了贸易,谁控制了世界的贸易,谁就控制了世界

---

　　① [印]潘尼迦:《印度和印度洋:略论海权对印度历史的影响》,德隆、望蜀译,世界知识出版社,1965年,第14页。

　　② 印度海洋基金会主席乌代伊·巴斯卡尔之语,参见 Chitrapu Uday Bhaskar, "Crucial Maritime Space," Hindu, September 16, 2008, Online, available at: www. thehindu. com/thehindu/br/2008/09/16/stories/2008091650061500. htm.

　　③ 冯梁:《英国的文化传统及其战略选择》,《中国军事科学》2001年第5期,第7页。

的财富。① 正是英国在海洋发展过程中创造了与其大国进程更加符合的海洋文化,使得其不但拥有西班牙、葡萄牙等国那样的财富,而且其国家命运并未如上述国家那样盛而衰竭,而是相得益彰,彼此促进,树立了海洋发展的历史典范。

二、海洋大国发展的历史经验教训

在西方大国崛起过程中,海洋无疑对促进国家整体发展发挥着十分重要的作用。各国在海洋发展过程中积累了若干历史经验,值得总结,但是也存在着深刻的教训,值得海洋后发国家吸取和避免。

(一)海洋经济因素对大国发展有着内在的持久推动作用

在认识大国崛起与海洋发展的辩证关系中,主要规律是,凡海洋兴则国家兴,海洋衰则国家衰。但是,通过研究上述六国海洋发展的历史进程,我们进而发现,凡有海洋经济作为海洋发展支撑的,其向海发展则取得了积极进展;反之,其海洋发展时常会受到形势和时局的影响而历经曲折。换言之,谋求通过海洋发展实现国家强大,若非有强大的经济因素作为内在动力,则最终不能持久。英国是一个正面典型。英国在通过海洋向外扩张过程中,不断谋求海外殖民地的经济资源,源源不断地为其自身发展注入财富。德国则是一个反面例子。当威廉二世提出世界政策,企图与老牌殖民帝国提出分享阳光下的地盘时,注定这一计划因无经济动因而成为无源之水、无本之木。

(二)符合国情的独特海洋发展模式对推进国家海洋发展具有重大意义

在推进海洋发展过程中,能否形成适应本国国情的发展模式,对国家发展具有重大意义。英国在借海洋迈向世界的过程中,形成了海军—殖民地—海外贸

---

① Geoffrey Till, *Seapower: A Guide for the Twenty-First Century*, London: Taylor & Francis e-Library, 2005, p. 15.

易模式。三个要素彼此支持,相互协调,形成了独特的海洋发展模式。俄国的崛起和衰落以及苏联的强盛和衰退无一不与其海洋发展有关,其中,既有依托强大的海军力量施行国家海洋发展战略的成功经验,也有过度的海洋扩张影响到国家综合实力的深刻教训。但是,随着《2020年前俄联邦海洋学说》等一系列政策性文件的陆续出台,俄罗斯的海洋发展战略逐渐清晰,其现代海洋观逐步形成,即以提升海洋综合实力为目标的海洋大国观、以开发北极地区为重点的海洋资源观,以及以海军力量为支撑的海洋安全观,三位一体,形成了俄罗斯独特的海洋发展新模式。

(三)制定海洋法律、塑造海洋秩序对推进国家利益具有巨大帮助

在国际竞争中,制定规则以形成一种有利于自己的制度是一项重要的权力,在海洋发展领域也是如此。在海洋发展初期,英国在西班牙、荷兰等海洋强国中处于不利地位,为此制定了一系列航海条例,并为贯彻法案不惜与荷兰开战。在海洋发展的鼎盛时期,英国将航海自由机制运用到了极致,从早期为了反对葡萄牙独霸海洋的企图,经常性地背弃这一原则,发展成为这一机制的坚定维护者。其原因不言自明,航海自由原则与英国的国家利益已实现了高度一致。[1] 即使在海洋霸权衰落时期,英国为维护其残存的国际影响力,还在努力参与海洋规则的制定。当1974年美、苏与马六甲海峡沿岸国家在海峡通行问题上争执不下的时候,英国提出了"过境通行制"。今天《联合国海洋法公约》有关海峡通行制度的规定,就是在英国提案的基础上形成的。[2]

(四)领导人的决心和意志对引导国家海洋发展有着重大影响

某些国家地理条件并不优越,但若有来自国家高层领导的意志和决心,同样

---

[1] [美]罗伯特·基欧汉、约瑟夫·奈:《权力与相互依赖》,门洪华译,北京大学出版社,2002年,第95页。

[2] 赵建文:《联合国海洋法公约对中立法的发展》,《法学研究》1997年第4期,第122页。

可以起到意想不到的效果。俄罗斯在这方面便是一个典型例子。为了使俄国摆脱落后的局面,彼得一世确定了夺取出海口、向西方学习的发展之路,为此创建正规海军,并依靠这支力量迅速达到争夺出海口的战略目标。[①] 为夺取波罗的海出海口,彼得一世还向欧洲派出 200 多人的考察团,并在其所征服的波罗的海芬兰湾的一片沼泽地兴建新都——圣彼得堡。同样,德意志帝国时期追求海洋的原动力,固然有一定的经济因素作用,但更多来源于领导人的意志和决断。1871 年德意志帝国建立后,在老成持重的宰相俾斯麦的主导下,德国在海洋发展方面继续保持克制态度,拒绝谋求殖民地,以免刺激其他海洋强国。[②] 为了外交需要,俾斯麦甚至不愿在海外谋求任何属于自己的港口和海军基地。但威廉二世接任后,迅速改变俾斯麦的政策主张,把夺取海外殖民地、重新瓜分世界殖民地作为德国世界强国地位的象征,从而把德国推向了争霸海洋的道路。

（五）海洋发展若以制海强权为目的将致国家前途于危途

海洋事业的发展,必须与国家长远发展保持同步协调。倘若违背规律,必致国家发展大业于不利甚至是危局。德国海洋发展长期陷于停顿,只是在完成民族统一大业之后,才具备了发展条件。但在 19 世纪帝国主义思潮的影响下,德国海洋发展从一开始就出现了偏差。传统上,海洋发展应该以经济和贸易发展为核心和推动力,而德国海洋发展一开始就是以海军扩张为核心,试图在武力后盾的支持下通过政治讹诈的方式为其海洋发展排除阻力,既没有考虑海洋作为人类公共空间的特殊性,又在海洋政策上奉行咄咄逼人的扩张政策,树敌过多,以致陷于政治和军事孤立,海洋事业因军国主义的扭曲而无法持久发展。一战后,尽管德国的经济恢复和发展离不开海外贸易,但是德国又错误地总结了一战的经验,提出在经济上退出海洋、让海洋成为单纯与敌人作战的战场的主张。这

---

① 冯梁等:《中国的和平发展与海上安全环境》,世界知识出版社,2010 年,第 27 页。
② ［美］亨利·基辛格:《大外交》,顾淑馨、林添贵译,海南出版社,1998 年,第 126 页。

一逆历史潮流的举动，也必然导致德国二战海战的惨败。

相比德国海洋发展的历史和教训，当代印度的海洋发展观则具有一定风险。独立后，印度始终追求地区强国和世界大国地位，而控制印度洋则是其实现战略目标的重要内容。为了追求国家利益，谋求成为世界一流强国的抱负，印度一直致力于谋求在印度洋的主导地位，具有鲜明的争强权的色彩和大国权力政治逻辑。这种海洋观，虽然凸显了印度积极主动塑造印度洋事态的战略决心，但若控制不好，亦会致其海洋发展于窘迫境地。

三、海洋大国的发展对我国建设海洋强国的历史启示

在研究海洋大国发展历程和经验教训的基础上，结合我国海洋地缘安全和面临的挑战，提出如下对策建议。

（一）对陆海复合型国家来说，海权与陆权必须彼此支持、相得益彰

我国是一个陆海复合型国家，陆地和海洋对实现"中国梦"具有重大现实意义。受国际战略格局和我国传统思维和文化的影响，我国历史上重视对疆域国土的经略，不太重视甚至忽视海洋发展，致使海洋发展相对落后，海上方向也成为国家积贫积弱的"软肋"。进入新世纪以来，随着我国海洋战略地位的不断上升、经济发展模式的变化、海外贸易的不断拓展以及陆上方向安全形势的相对缓和，海洋空间成为弘扬我国和谐海洋理念、拓展我国战略空间、推动我国海外发展、提升我国战略影响的重要舞台。要继续深化我国周边陆疆的经略，加大对海洋事务的战略投入，就要通过以陆促海、以海辅陆，实现陆海一体、陆安海稳，奠定实现"中国梦"的坚实基础。

（二）构建中国特色的现代海洋观，形成海洋发展的独特模式

具有本国特色的海洋观，形成符合本国特色的海洋发展模式，对推进海洋发

展具有特别重要的意义。俄罗斯在进入新世纪以来，不断探索海洋观的内涵，逐步形成了以提升海洋综合实力为目标的海洋大国观、开发北极地区为重点的海洋资源观和海军力量为支撑的海洋安全观。英国在大国发展过程中也形成了海军、殖民地和海外贸易三位一体的海洋发展模式，后者在成就其海洋霸权地位过程中发挥了极重要的作用。中国坚持和平发展道路，在海洋事务上不追求霸权，但在迈向海洋强国过程中，必须形成立体多面的海洋价值观、面向世界的海洋大国观和立足于可持续发展的和谐海洋观，形成适合我国特色的独特发展道路，即通过对海洋事务的积极经略，实现国家海洋利益的最大化，同时，不谋求海洋霸权，而是通过海洋利用方面的公平竞争，实现合作共赢，最终实现海洋强国目标。

（三）提升软实力，争取海洋事务话语权，参与制定国际海洋规则，塑造更加有利的海洋环境

虽然海洋软实力作为一个名词出现是近十几年的事，但西方海洋大国在实现海洋崛起过程中存在着大量利用软实力谋取有利于国家发展的具体实践。英国在这方面最为典型。17世纪初，英国尚是较为弱小国家时，为了与当时的海洋强国荷兰相竞争，英国提出了与荷兰"海洋自由"完全不同的"闭海论"，认为海洋如同陆地一样容许领有，英国君主有权占有四周的海洋。当具备较强实力谋求向海外扩张时，英国人转而推行"开放海洋"的理念，强调海洋的价值在于它是一种"国家与其部分之间的交通工具"，重视获取"制海权"。当今世界上绝大部分涉及海洋的国际规则，几乎都是西方海洋大国提出的。我国在提出海洋强国理念、实现海洋和平崛起过程中，应当注重对海洋软实力的提升，以更加开放和积极的姿态参加国际海洋事务，参与国际海洋事务规则的制定，为国家海洋方向的利益拓展与和平发展提供更加有利的软环境。

（四）海洋竞争具有巨大透支性，要坚决避免旨在争霸的恶性海洋竞争

海洋是一个巨大的战略空间，对国家发展战略意义巨大；但海洋同时也是耗

资巨大的"黑洞"，如若利用不当，使用不好，同样会招致国家巨大资源的浪费，甚至致国家于危难之地。在 19 世纪帝国主义思潮影响下，德国海洋发展事业走上了一条以海军扩张为核心、以武力谋海洋发展的道路，终致德国树敌过多，政治和军事上陷于孤立而失败。在当今世界，印度的海洋观带有某种权力政治色彩，具有鲜明的谋求印度洋主导地位的内涵。这种传统的大国权力政治逻辑，如果不加控制，极有可能导致印度海洋发展事业出现偏差，并致国家发展于歧途。在走向世界海洋强国的历史进程中，我国要汲取历史上西方大国海洋发展的血的教训，彻底摒弃西方海洋大国的强权逻辑，坚决走一条符合我国和平发展战略、体现和谐海洋理念的海洋发展道路，为全人类福祉做出独特的贡献。

本书是中国海洋发展研究会（前身为"中国海洋发展研究中心"）2011 年重大项目"海洋大国发展历史经验教训及其现代海洋观研究"（AOCZD201101‐1）最终研究成果。中国南海研究协同创新中心副主任、南京大学聘任教授、海军指挥学院教授冯梁拟定提纲与总体思路、撰写前言、完成课题修改和完善工作。课题组成员：海军指挥学院段廷志教授（日本部分）、谭丽华副教授（俄罗斯部分），解放军国际关系学院宋德星教授和国际战略研究中心白俊研究员（印度部分），中国海洋大学副教授孙凯博士（美国部分），南京审计学院高志虎博士（英国部分），南京铁道职业技术学院孙晓翔博士（德国部分）。

主　编

二〇一五年一月于半山园

目　　录

1 美国海洋发展的经验教训及其现代海洋观的形成

美国作为当今世界上的头号强国,三面环海的地缘优势决定了海洋在美国发展历程中必然具有重要的地位。美国的海洋发展经历了从陆权大国到海权大国、海权强国以及综合性海洋强国的变迁。当今美国的海洋发展是全方位的:政治层面,颁布与实施国家海洋发展战略和发展规划,建立各级政府的海洋管理体制;经济层面,发展海洋经济,建立海洋经济与海洋环境保护的协调机制;军事层面,建设美国海军和海岸警卫队在内的海上力量;"海洋软实力"方面,注重海洋科技、海洋教育、海洋文化和海洋意识等方面的投入。这些都为美国成为世界上的海洋强国奠定了基础。对美国海洋发展的历史经验进行考察,于我国建设海洋强国、实现和平崛起有着重要的参考意义。

1.1 美国海洋发展的历史进程

美国作为一个移民国家,最早的欧洲移民是通过海洋抵达美洲大陆的。美国随后的独立、发展与崛起,也与美国的海洋管理以及美国海上力量的发展密不可分。美国的海洋发展历程大致经历了三个阶段:

1.1.1 海上崛起的准备期:建国之初至第一次世界大战前

尽管美国在建国之后的相当长一段时期内,海洋在美国的未来发展中并未显示出具有海上强国的特征,但利用海洋以及发展海军进行本土防卫的理念却在独立战争时期已经存在。最初美国对海洋的利用是基于"海防"的理念,基于当时外敌从海上对美国构成的威胁。美国在独立之后的主要任务就是加强美国本土的建设和增强国力,同时抵御来自海上的威胁。其中最为明显的表现就是美国首任总统华盛顿在卸任之际发表的国情咨文中明确提到,"不要把美国的命运与欧洲纠缠在一起"。因此,海洋在美国建国初期的主要任务就是防止其他海上强国的入侵,保护美国的海上贸易等。其海洋战略就是守土保交和袭击商船。

为加强海防,1794年,美国国会通过法案,成立了一个包括炮手和工程师在内的委员会,研究美国海岸的防卫体系。经过考察,选取了21个地点设立炮台。这一时期所设立的炮台即构成了美国海防的"第一代海防系统"(The First System)。由于资金和技术的匮乏,美国第一代防御系统的建造过程相当缓慢,至1812年第二次英美战争之际也未能完成。1802年,美国国会选派由炮手和工程师组成的委员会到纽约州的西点地区创办军事学校(即西点军校),以摆脱对欧洲工程师的依赖。1807—1808年,在杰斐逊总统的号召下,美国又开始建造第二代海防系统。尽管在第二次英美战争之际这些海防系统还在建设之中,但它们在有效抵御英军入侵方面起到了很大的作用。①

在1812年第二次英美战争爆发之后,为打破英国海军对美国沿海的封锁,保卫美国的海疆,袭击英国海军及其海上贸易船只,美国建立了常备海军,这对美国的获胜有着重要贡献。时任美国众议院议长的海恩认为:"加强海军不但是对美国最安全的防卫手段,而且是最便宜的防卫手段。"②这样一种基于海洋防卫的战略在此后的美国总统政策中得以延续。1824年,门罗总统与海军部长就海军舰队的状况向国会递交报告,提出了"战时的伟大目标是将敌人阻止于海岸上"的论断。这标志着美国"守土保交"思想的诞生。③甚至到1861—1865年的美国南北战争,美国还奉行"守土保交"的思想,即把海洋看成美国的"护城河",通过海洋将美国与海外列强隔开,从而实现美国的国家安全。

---

① Mark A. Berhow, *American Seacoast Defense: A Reference Guide*, Coast Defense Study Group Press, 2004.
② 杨金森:《中国海洋战略研究文集》,海洋出版社,2006年,第208页。
③ 张炜主编,冯梁副主编:《国家海上安全》,海潮出版社,2008年,第174页。

至19世纪末,随着美国经济实力的增长,以及美国与世界其他海上强国力量对比优势的显现,美国逐渐放弃"孤立主义"的政策,开始海外扩张。进行海外扩张和保护海外利益,首先必须拥有强大的海军。19世纪80年代以来,美国国内无论学术界还是舆论界都开始关注并鼓吹海军的发展。历史学家以海军主义的视角重新阐释美国的战争,将美国在1812年英美第二次战争中的失利归结为海军的软弱,贬低陆军的同时无限制地提升海军的形象。海军主义从学术著作到教科书,最终在美国形成了一种发展海军的思潮,这股思潮成为美国海军发展的民意基础。19世纪90年代担任美国海军部长的本杰明·特雷西特别重视海洋对于美国未来发展的作用,他曾经这样说道:"海洋将是未来霸主的宝座,像太阳必然要升起那样,我们一定要确确实实地统治海洋。"①他在1889—1890年度报告中也详细阐述了关于"控制海洋的主动性"和"战列舰建造"的观点。他说:"美国的防御绝对需要一支作战武装,我们必须有一支战列舰队伍,这样的话才能击退敌人舰队的攻击。"②当时美国参议员马西克也对美国的海军建设进行鼓吹,他反问道:"世界上哪有作为一等强国而无海军之理。"参议员巴特勒主张美国应当放弃传统的贸易掠夺的海上战略,采取建立远洋舰队作战的现代海上战略。③1890年,美国国会通过了海军法,授权建立一支具有远洋深海作战能力的海军。

几乎就在同一时代,美国著名的海军理论家和历史学家、美国海权之父阿尔弗雷德·马汉提出了海权论,这为美国加强海洋力量建设提供了理论基础。马汉认为,随着美国国家利益的扩张,美国必须"走出去","防御不仅意味着防卫我们的领土,而且意味着对我们民族政党利益的防卫,无论这些利益是什么,也无论这些利益在什么地方"。④马汉通过对英国与欧洲其他列强海战历史的研究,

---

① [美]阿伦·米利特、彼得·马斯洛斯金:《美国军事史》,军事科学院外国军事研究部译,军事科学出版社,1989年,第255-256页。

② 刘娟:《从陆权大国向海权大国的转变——试论美国海权战略的确立与强国地位的初步形成》,《武汉大学学报》(人文科学版)2010年第1期,第70页。

③ 陈海宏:《美国军事史纲》,长征出版社,1991年,第173页。

④ [美]阿尔弗雷德·马汉:《亚洲问题及其对国际政治的影响》,范祥涛译,上海三联书店,2007年,第19页。

认为海权是战争中的决定性因素,控制海洋、掌握海权是国家强盛和经济繁荣的关键所在。他认为,海洋的机动性是国家权力的重要组成部分。由于海洋的自由通达特性,对海洋的控制就意味着国家在国际政治斗争中获得了重要的权力。海权的争夺突出地表现在海军的较量上,而对海上贸易航线的控制,则成为实现国家利益至关重要的因素。① "合理地使用和控制海洋,只是用以积累财富的商品交换环节中的一环,但是它却是中心的环节,谁掌握了海权,就可以强迫其他国家向其缴纳特别税,并且历史似乎已经证明,它是使国家致富的最行之有效的办法。"②马汉曾经担任美国总统西奥多·罗斯福的海军顾问,其关于海权以及海军战略的思想深得罗斯福总统的赞赏。马汉的思想为美国建设海上强国、实施海洋战略打下了理论基础。

1.1.2 海洋强国的崛起:第一次世界大战至 20 世纪 40 年代

第一次世界大战是美国海洋发展的重要契机。在第一次世界大战之前,美国已经确立了其经济领域的世界领先地位。而在这一时期,美国海上力量的发展经过了初步的储备期,在理论上及实践中都已经为美国建设海上强国、实施海洋发展战略打下了良好的基础。在马汉思想的影响下,1890 年,美国国会通过了《海军法案》,大规模发展海军。美国的海军实力很快由世界第 12 位上升到世界第 3 位,仅次于英、法两国。由于对海洋发展及海军力量的重视,美国凭借第一次世界大战的契机,大力发展与扩充海军,实施海洋扩张战略。1916 年,美国通过《大海军法案》。在这一时期,美国各届包括工农业界、学术界、金融界等大都支持海军扩建和备战。美国的海洋扩张战略得到了从政府到国会、从总统到民众上上下下的支持。③ 这些都为美国建设海洋强国在军事上奠定了坚实的

---

① 曹云华、李昌新:《美国崛起中的海权因素初探》,《当代亚太》2006 年第 5 期,第 23 - 24 页。

② [美]艾·塞·马汉:《海军战略》,商务印书馆,2003 年,第 7 页。

③ 胡德坤、刘娟:《从海权大国向海权强国的转变——浅析第一次世界大战时期的美国海洋战略》,《武汉大学学报》(哲学社会科学版)2010 年第 4 期,第 496 页。

基础。

　　美国是第一次世界大战的"大赢家",这不仅体现在美国与传统欧洲强国在经济方面的力量对比上占绝对优势,单就海上力量增长方面,英国的海上力量在第一次世界大战中受到重创并开始衰落,美国在第一次世界大战期间其海军的活动遍及世界各个大洋和重要水域,至第一次世界大战结束时,美国海军部长甚至宣布"美国海洋战略家们所期待的两洋舰队的梦想——即在大西洋和太平洋各拥有一支强大舰队——已经成为现实"。美国在第一次世界大战之后,已经拥有 16 艘"无畏"级一线战列舰,装备的都是当时最先进的设备和武器,且服役年龄均不超过八年。当时的另一海洋强国英国的舰只尽管在数量上比美国多,但大多是老式的,缺少现代火炮控制系统等。美国依据 1916 年制订的造舰计划,美国新型主力舰的数量将达到 35 艘。① 因此,依据舰队这一重要海上力量的指标,美国已经可以与英国平起平坐,并拉大了同其他国家海上力量的距离。

　　如果说第一次世界大战是美国追赶一流海上强国的机会,第二次世界大战则是美国超越其他海上强国的机会。第二次世界大战中,美国利用太平洋战争的机会,将本国在海上的势力范围扩展到了西太平洋;通过与英国的《租借法案》,将力量深入到了大英帝国传统的势力范围;通过参与惨烈的欧洲战争,为掌握战后欧洲的命运打下了基础。② 第二次世界大战结束之后,美国不仅在经济上成为世界的一流强国,其海上力量也远远超过了英国,成了世界上最强大的海上国家。

1.1.3　综合性海洋强国地位的确立和巩固:20 世纪 50 年代至今

　　至 20 世纪 50 年代,美国的海洋发展不仅仅体现在海上军事力量建设方面,也体现在海洋管理、海洋经济、海洋科技、海洋文化、海洋教育等多个方面的立体

---

① E. B. Potter, *Sea Power: A Naval History*, Englewood Cliffs, N. J.: Prentice Hall, Inc., 1960, p. 479.

② 冯梁等:《中国的和平发展与海上安全环境》,世界知识出版社,2010 年,第 20 页。

化、全方位发展,因而更具有综合性。在这一时期,美国对海洋的认识发生了变化,认为海洋作为海上交通的公共通道、隐蔽战略武器的基地等,仅仅是海洋的间接性作用;而海洋作为可持续发展资源宝贵财富的作用更为重要。这体现在1969 年美国海洋科学、能源和资源委员会发布并由总统签署的《我们的国家与海洋:国家行动计划》(Our Nation and the Sea:A Plan for National Action)的报告中。[1] 报告深入探讨了海洋在国家安全中的作用、海洋资源对经济发展的贡献、保护海洋环境和资源的重要性等,并提出了几个重要的主题。首先,它号召要全面实现国家海洋和海岸带资源的效益,需要集中联邦政府的海洋工作,倡导建立民用海洋和大气机构来承担实现海洋有效利用所需要的所有活动的工作;其次,报告认为,亟须协调一致地来计划和管理国家的沿海地区,建议加大研究力量,成立海岸带管理的联邦—州层面的项目;最后,报告进一步强调,联邦和州级政府层面都需要扩展海洋科学、技术和工程的课程设置,以促进美国海洋教育的发展。[2]

基于这一认识的变化,美国加强了国内海洋制度的建设。随后美国在国内首先建立健全了全国性的海洋领导机构,以对美国的海洋发展进行顶层设计。这一时期建立的主要海洋领导机构包括海军研究署(1946 年)、国家科学基金会(1950 年)、隶属于美国科学院的海洋学委员会(1957 年)、国家航空航天局(1958年)、机构间海洋学委员会和国家海洋资料中心(1960 年)、海军海洋局(1962年)、环境科学服务局(1965 年)、海洋科学工程和资源专门委员会(1966 年)、交通运输部和海岸警卫队(1967 年)、国家海洋和大气管理局(1970 年)。这些机构的建立与有效运作,奠定了美国海洋管理机制的总体架构,并极大地推动了美国海洋事业的发展。

在 20 世纪 60 年代,美国也加强了对海洋科技及海洋教育的投入。作为 19

---

① US Commission on Marine Science, Engineering and Resources, Our Nation and the Sea: A Plan for National Action, Washington D.C. : US Government Printing Office, 1969.

② Biliana Cicin-Sain and Robert W. Knecht, The Future of U.S. Ocean Policy: Choices for the New Century, Island Press, 2000, pp. 46 - 47.

世纪一项创新性的、有效的学术研究项目——土地基金大学系统的对应物,1966年,美国国家海洋与大气局与美国商务部联合发起了"国家海洋基金大学"项目(National Sea Grant College Program),建立了一批"海洋基金大学",首批加入"海洋基金大学"的包括俄勒冈州立大学、华盛顿大学、加州大学圣迭戈分校、南加州大学等 33 所在海洋研究和教育方面比较突出的大学。[①] 这一项目的引导,进一步加强了这些科研机构对海洋的研究与海洋人才的培养。到 20 世纪 70 年代,这个以资源为导向的、集中的海洋研究项目已经初见成效,专注于海洋研究计划的第一步成果正在变得明显。

美国是世界上制定海洋规划最早也是最多的国家,其中大部分的海洋发展规划制定于 20 世纪 50 年代以后。早在 1959 年,美国就制定了世界上第一个军事海洋学规划《海军海洋学十年规划》。自 20 世纪 60 年代以来,美国政府制定了一系列海洋发展规划,如 1963 年美国联邦科学技术委员会海洋学协调委员会制定的《美国海洋学长期规划(1963—1972 年)》、1969 年的《我们的国家和海洋——国家行动计划》、1986 年的《全国海洋科技发展规划》、1989 年的《沿岸海洋规划》、1990 年的《90 年代海洋科技发展报告》、1995 年的《海洋行星意识计划》,以及《海洋战略发展规划(1995—2005 年)》、《海洋地质规划(1997—2002年)》、《沿岸海洋监测规划(1998—2007 年)》、《美国 21 世纪海洋工作议程》(1998 年)和《制定扩大海洋勘探的国家战略》等,明确提出要保持和巩固美国在海洋科技方面的领导地位。[②] 美国还于 1999 年进一步完善了国家海洋战略,并成立了相关的国家咨询委员会,从法律上明确了海岸带经济和海洋经济的定义,确立了海洋经济的管理和评估制度。

进入新世纪以来,美国的海洋发展政策具有一定的连续性与变革性。新世纪美国海洋政策的主要变革就是在海洋发展战略方面加强了对海洋安全的重

---

① National Sea Grant College and Program Act of 1966, available at: http://www. house. gov/legcoun/Comps/nsgpc. pdf, accessed on January 20, 2013.

② 钭晓东:《美国海洋发展战略起步最早,领先全球》,《中国海洋报》2011 年 9 月 9 日,第4 版。

视，并且采取措施进一步加强争夺战略性海洋资源、维护海上通道的能力。2005年，美国发布了《国家海上安全战略》白皮书。这是美国在国家安全层面上提出的第一个海上安全战略。[①] 该白皮书认为，美国海上安全战略的基本目标包括阻止恐怖主义袭击、犯罪和敌对行动；保护滨海人口中心和与海洋有关的重要基础设施；把海洋领域因袭击导致的损害降到最低程度并迅速恢复；保护海洋及资源免遭非法开采和蓄意破坏。从白皮书中可以看出，在新世纪美国海洋安全方面关注的重点是反对恐怖主义袭击，并且提出"21世纪海军力量转型图"，以强势的海军力量来维持美国的霸权。另外，在新世纪中，美国还相继提出包括海洋在内的"全球公域"理论。依照美国《国家安全战略报告》，全球公域是"不为任何一个国家所支配而所有国家的安全与繁荣所依赖的领域或区域"[②]，是美国国家安全战略的重要目标。海上安全也是美国"全球公域安全问题"的主要内容之一。其中巴拿马运河、苏伊士运河等6个海上通道是其全球海上公域安全的核心。全球公域理论的提出，意在让新兴国家分担责任的同时，继续美国所建立的国际制度和维护美国的全球领导者地位。[③]

1.2 美国海洋发展的历史经验

美国在海洋发展的历史进程中，有其得天独厚的地理位置，这为美国在海上的崛起提供了物理基础；美国综合国力的增长，尤其是美国在第一次世界大战和第二次世界大战之后与其他国家相对比的国力增长，为美国海洋发展提供了物质保障；美国海军的发展，尤其是具有远洋作战能力的强大海上武装力量，为美

---

① 冯梁等：《中国的和平发展与海上安全环境》，世界知识出版社，2010年，第22页。

② The White House, National Security Strategy of the United States (2010), available at: http://www. whitehouse. gov/sites/default/files/rss _ viewer/national _ security _ strategy. pdf. Accessed on January 10, 2013.

③ 王义桅：《美国宣扬"全球公域"有何用心?》，《文汇报》2011年12月27日，第5版。

国海洋发展提供了坚实的后盾与保障;美国的前瞻性、战略性的顶层设计,推动了美国的海洋发展;美国领先的海洋科技与海洋教育也为美国的海洋发展提供了动力之源。

1.2.1 得天独厚的地理位置是美国海洋发展的物理基础

美国不仅地处大西洋和太平洋之间,而且面临墨西哥湾和加勒比海。因此,美国实际上是一个三面环海的国家。美国必须对自身独特的海洋地理位置有足够的认识。

美国海权论的创始者马汉在其名著《海权对历史的影响(1660—1783)》一书中,对于自然地理环境对海权的影响有非常深入的描述。他认为,海洋的重要性源于其进攻性的战略价值,从经济上言,美国的经济利益在于倾销美国的过剩商品而不是互通有无。因此,海洋在军事和经济上的价值要远远高于其文化的意义。美国需要占领具有经济、军事价值的战略要地。马汉认为,海军是源于对商船护航的需要或为满足侵略的欲望而建立起来的。如果没有经济上的需求,海军很难在和平的条件下发展下去。马汉进而提出影响一个国家海上实力的要素有六项,其中前三项——地理位置、自然结构和领土范围——所涉及的都是一个国家所处的海洋自然地理环境。① 古代希腊哲学家亚里士多德认为,人类与其所处的环境密不可分,既要受到地理环境的影响,也要受到政治制度的影响。靠近海洋会激发商业活动,而希腊城邦国家的基础就是商业活动。温和的气候会对国民性格的形成、智力的发展与活动精力的提升产生积极的影响。马汉认为,美国人关于自身与外部世界的关系的想法与政策正逐渐发生变化。尽管美国的丰富资源使其出口额能维持在一个较高的水平,但这种局面存在的原因更多的在于大自然对美国极为丰富的馈赠,而不是其他国家对美国制造业的特别需求。

---

① [美]A. T. 马汉:《海权对历史的影响(1660—1783)》,安常容、成忠勤译,解放军出版社,2006 年,第 38 - 64 页。

在美国与外部世界的关系的态度变化中,有意义的特点是美国把目光盯向外部而不仅仅投向内部,以谋求国家的福利。美国所处的地理位置决定了美国必须承担起对于外部世界的使命。美国的海洋地理环境在此与海权论相融合。马汉对于美国海权发展步骤的思考虽然从一开始就超越了美国本土,从地缘战略出发,要求美国在夏威夷群岛、中美洲地峡和加勒比海三个地区实行扩张,然而这都是基于美国所处的海洋自然地理环境。

1.2.2　综合国力的增长是美国海洋发展的物质保障

美国综合国力的提升与发展,是影响美国海洋发展的另一个主要因素。尤其是经过两次世界大战之后,美国的国力与其他国家的对比更显优势。南北战争之后,美国的工业发展就进入了迅猛发展的时期。在1859—1914年间,美国的加工业产值增长了18倍。在19世纪末20世纪初的时候,美国基本完成了资本主义工业化,由农业国变成了工业国。在这一时期,工业成为美国国民经济的主要产业,重工业在工业中占主导地位,基本上能够满足国民经济各部门技术装备的需要。至第一次世界大战前夕,美国工业生产的优势地位更为显著,在整个世界工业产值中占38％,超过了英国(14％)、德国(16％)、法国(6％)和日本(1％)四个国家工业产值之和。

在第一次世界大战期间,美国远离欧洲战场,通过战争期间与交战国的军火生意,获取了380亿美元的巨额利润,使其经济实力进一步增强。第二次世界大战的爆发给美国带来了更大的发展契机。战后,欧洲大部分国家受到战争的蹂躏而精疲力竭,美国则一枝独秀。至1945年,美国控制了资本主义世界石油资源的46.3％,占据了铜矿资源的50％～60％。美国不仅从供应军火和战略物资中获取了1 500亿美元的利润,而且在全球建立了近500个军事基地。

美国经济的发展以及与其他国家之间的比较优势,使美国拥有了巨大的经济实力,从而为第二次世界大战之后美国跨越海洋,建立和推行全球性的经济和军事政策打下了坚实的基础。

1.2.3　具有远洋作战能力的强大海军是美国海洋发展的坚实后盾

美国海洋事业的发展,尤其是美国具有全球影响力的海洋力量的发展,与美国强大的海上力量的发展是密不可分的。自 19 世纪 80 年代以来,蒸汽动力在美国军舰上得到广泛的运用。动力的革命大大推动了美国海军建设的革命性发展,使美国海军无论在武器装备上还是指挥体制上均得到极大的改进,从而促成了美国现代海军的诞生。正如美国海军史专家斯蒂芬·豪沃思所言:"对于美国来说,19 世纪的最后 20 年是一个过渡时期。对于海军,它不仅仅是重建的时期,而且还是复兴的时期。今天再回过头来看一看美国海军 200 年的历史,这 20 年把前 100 年和后 100 年极其鲜明地分隔开。在第一个百年中,美国海军的舰只是木制的,是用风力推动的,基本上执行近海防御,袭击海上商船和单舰作战的战略。接着就是作为分水岭的年代,诞生了一支新的海军。在第二个百年,美国海军军舰用钢建造,靠蒸汽推动,并且执行远洋舰队的战略。"[①]

在 2007 年美国海军和美国海岸警卫队在联合发布的《21 世纪海上力量合作战略》的报告中明确指出:"美国武装力量无与匹敌的实力,在任何时候可以向世界上任何地方投送兵力的能力,维护着世界上最为重要战略要地的和平。"[②]美国拥有目前世界上数量最多的海军舰只,其海军舰只的吨位比排在其后的 17 国海军舰只吨位之和还要大。[③] 美国舰只不仅数量庞大,武器装备也是世界一流。这使美国的海上力量保持了较之其他国家的压倒性优势。

从上文所述的美国海洋发展历程中我们知道,美国海军的大发展是在 20 世

---

① [美]斯蒂芬·豪沃思:《驶向阳光灿烂的大海:美国海军史》,王启明译,世界知识出版社,1995 年,第 278 页。

② US Navy and US Coast Guard, A Cooperative Strategy for the 21st Century Seapower, October 2007, available at: http://www.navy.mil/maritime/maritimestrategy.pdf. accessed on January 2, 2013.

③ Robert O. Work, "Winning the Race: A Naval Fleet Platform Architecture for Enduring Maritime Supremacy," Center for Strategic and Budgetary Assessments, 2005.

纪之后，尤其是第二次世界大战期间。在战时的欧洲战场以及太平洋战场，都可以见到美国的舰只。它们对美国赢得二战的胜利起到了决定性的作用。在随后的冷战中，美国海军也成为美国对抗苏联、进行核威慑和全球对抗的重要力量。冷战结束后，美国为维持其遍布全球的海外利益，继续加强海军力量的建设，并在 2005 年提出了未来 30 年海军造舰计划。据此计划，至 2010 年，每年建造一艘驱逐舰；至 2020 年，每年建造 1.4 艘驱逐舰；至 2035 年，总共建造 260～325 艘舰只。[①]

美国强大的海军以及遍布世界重要地区的海外军事基地，使美国有能力将力量投射到全球各大海域之中，参与和平维护和区域战争。这在美国外交和防御政策中起到了重要的作用。美国强大的海军也保障了美国拥有良好的海上安全环境，推动了美国国内商品的出口，保护了美国的海外经济利益，而且扩大了美国的政治影响力。[②]

1.2.4 前瞻性、战略性的顶层设计推动美国的海洋发展

前瞻性的、长远的战略性行动纲领，是美国在海洋发展领域保持高速发展以及政策连续性的基石。早在 1945 年 9 月，杜鲁门就发布公告，宣布美国对邻接美国海岸的大陆架拥有管辖权，由此引发了世界性的"蓝色圈地"运动。1961 年，肯尼迪总统宣布，"海洋与宇宙同等重要"，"为了生存"，美国必须把海洋作为国家长期发展的战略目标。此后，美国一直把称霸海洋作为美国国家战略的重要组成部分。除上文提到的美国所颁布的系列海洋发展规划之外，对美国海洋发展进行规划的重要文件还有美国皮尤海洋委员会在 2003 年发布的题为"规划美国海洋事业的航程"的研究报告。报告对不同历史时期美国海洋政策的演化

---

① Ronald O'Rourke, "Potential Navy Force Structure and Shipbuilding Plans: Background and Issues for Congress," 2005, available at: http://www. ndu. edu/library/docs/crs/crs_rl32665_25may05. pdf. accessed on January 8, 2013.

② 曹云华、李昌新:《美国崛起中的海权因素初探》,《当代亚太》2006 年第 5 期,第 23 页。

进行了详尽的考察,认为解决目前海洋危机的可行方案是存在的,但是要使这样的方案在现实中获得成功,必须对美国的海洋事业发展进行精细的创新性规划,并建议美国制定新的海洋政策。[①]

进入 21 世纪之后,美国更是随着对海洋认识的不断深化,加速了海洋发展规划的顶层设计。2000 年 8 月,美国国会通过了《海洋法令》,规定总统每两年必须向国会提交一份相关内容的报告。2004 年,美国出台了新的海洋政策,即《21 世纪海洋蓝图》,对海洋管理政策进行了迄今为止最为彻底的评估,并对 21 世纪的美国海洋事业与发展描绘出了新的蓝图。[②] 随后,小布什总统发布了《美国海洋行动计划》,以落实实施《21 世纪海洋蓝图》。[③] 奥巴马上台以来,继承了对海洋发展事业的关注。他在 2009 年 6 月 12 日发表的总统公告中说道:"本届政府将继往开来,采取更加全面和综合的方法来制定国家海洋政策。"并于 2010 年 7 月 19 日签署总统行政令,宣布出台管理海洋、海岸带和大湖区的国家政策。[④] 这一系列海洋战略和海洋政策的颁布和调整,有力地保障了海洋发展议题能够进入决策层的议程之中,并成为他们关注的核心议题之一,进而保障美国海洋发展事业的进行。

1.2.5 领先的海洋科技与教育是美国海洋发展的动力之源

"科学技术是第一生产力。"美国领先的海洋科技为美国的海洋发展提供了力量支撑与不竭的动力之源。美国拥有众多一流的海洋科学研究机构,如位于

---

① Pew Ocean Commission,"America's Living Oceans:Charting a Course for a Sea Change,"2003, available at: http://www. pewtrusts. org/uploadedFiles/wwwpewtrustsorg/Reports/Protecting_ocean_life/env_pew_oceans_final_report. pdf. Accessed on January 10,2013.

② 刘中民:《世界海洋政治与中国海洋发展战略》,时事出版社,2009 年,第 303 页。

③ "US Ocean Action Plan:The Bush Administration's Response to the US Commission on Ocean Policy," available at: http://data. nodc. noaa. gov/coris/library/NOAA/other/us_ocean_action_plan_2004. pdf. Accessed on January 10,2013.

④ 刘佳、李双建:《新世纪以来美国海洋战略调整及其对中国的影响评述》,《国际展望》2012 年第 4 期,第 63 页。

马萨诸塞州的伍兹霍尔海洋研究所，位于加利福尼亚州的斯克里普斯海洋研究所、特拉蒙—多哈蒂地质研究所以及国家海洋大气局所属的水下研究中心等。为促进美国海洋经济的发展，美国将科技作为国家海洋经济建设的根本支撑，根据海洋经济发展的需要进行科学研究并发展相关的海洋技术。同时通过立法大力促进研究和技术成果的产业化，保证新技术、新成果迅速投入到海洋开发的实践中，提高科技成果的转化率和贡献率，推动海洋经济的发展。而海洋经济的发展又为海洋科技的发展提供了资金保障，进一步推动了海洋科技的发展，从而实现了海洋经济与海洋科技发展的良性循环。20 世纪 90 年代以来，美国进一步加大了在海洋科技方面的投入。美国在 1996—2000 年投入海洋科技研究与开发的经费达 110 亿美元，2001—2005 年增至 390 亿美元，实施了一大批海洋科技研究与开发项目。美国海洋科技经费来源广泛，除以国家投入为主外，还有部门、企业和社会捐赠的投入。伍兹霍尔海洋研究所和斯克里普斯海洋研究所每年的政府投入分别占科研总经费的 92% 和 90%；由于海洋在国防中所占的重要地位，美国国防部和海军每年也投入大量经费支持海洋科学研究；这两个研究所每年还获得相当数量的私人捐赠，捐赠方式包括现金、证券、信托和实物等，此外，还通过银行存款、基金和有价证券投资以及技术转让等形式获得收益，用于科学研究。多种形式的资金来源，对保证美国海洋科学研究的不断发展起到了非常重要的作用。

美国联邦政府除了对这些研究机构进行支持外，还在国家层面颁布推动海洋科技发展的各种规划，例如 20 世纪 50 年代后出台的《全球海洋科学规划》、《90 年代海洋学：确定科技界与联邦政府新型伙伴关系》、《1995—2005 年海洋战略发展规划》、《21 世纪海洋蓝图》和《美国海洋行动计划》等。① 其在《21 世纪海洋蓝图》中特别指出，"海洋科学技术是美国整个科研事业的不可分割的部分，对社会做出巨大贡献。认识地球环境及其如何随时间而变化，改进气候预报，明智

---

① 倪国江、文艳：《美国海洋科技发展的推进因素及对我国的启示》，《海洋开发与管理》2009年第 6 期，第 29 页。

地管理海洋资源,开拓海洋资源有益的新利用,维护国家安全,揭示地球上生命的基本奥秘,海洋科技不可或缺"①。这些规划方案的颁布,为美国的海洋科技迅猛发展提供了强力政策支撑,从而确保了美国在海洋科学基础研究和技术开发方面的显著优势和领先地位,为美国海洋事业的发展提供了保障。

1.3　当代美国海洋观的变迁

美国海洋政策的变迁与发展,与其海洋观的变迁密不可分。可以说,美国海洋观决定了美国的海洋政策走向;美国的海洋政策与战略的实践又反过来影响与塑造了新的海洋观。在美国海洋发展的历程中,其海洋观的变迁也随着美国海洋发展的不同阶段而有着不同的特点。

1.3.1　建国初期的"孤立主义"海洋观

早在美国建国之前,对于北美新大陆来说,海洋自由的原则在英国补给在詹姆斯敦和普利茅斯易受攻击的殖民地方面至关重要。美国建国初期,延续了包括"海洋自由"的系列国际海洋法原则。但是美国在建国的早期,也有对利用海洋持反对意见的观点。主张农业立国的杰斐逊就曾经坚决反对美国维护海权,并且还主张"我们最好把海权完全放弃",因为海洋是一个容易招致欧洲海上攻击的环境,主动的对外贸易有可能成为欧洲劫掠的对象,并将美国拖入战争。"海洋是我们容易同其他国家角逐的自然环境。让别人把我们需要的东西送来,把我们多余的东西运走,这样我们就不会受欧洲攻击,因为我们在海上没有好东西让他们掠夺"。② 1807 年,为了回应英国的海上敌对行动,杰斐逊还签署了

---

① 石莉等:《美国海洋问题研究》,海洋出版社,2011 年,第 69 页。
② [美]托马斯·杰斐逊:《杰斐逊选集》,朱曾文译,商务印书馆,1999 年,第 273 页。

《1807 年禁运法案》。法案规定，除非经总统许可，任何美国船只不得驶离本土，离岸的贸易船只必须缴纳相当于货物与船价总和的保证金，以确保货物被运抵美国港口。

随着美国海运和海军利益的扩大，美国赞同了狭窄领海的概念，并鼓励其他国家也支持这一概念。在美国的推动下，在随后的 100 多年里，沿海 3 海里作为领海的做法基本成为一种国际习惯。美国虽然支持沿海 3 海里的领海，但在公海仍然秉承公海自由的原则，这对美国的利益非常有利。在这一阶段，美国主要将海洋看成是食物的来源、海上的通道以及天然的屏障。美国东北沿岸、西北太平洋和墨西哥湾一带拥有丰富的鱼类资源。这些地区的渔民数量不断增长，进而从海洋中捕捞更多的鱼以满足持续增长的需求。海洋作为贸易的通道这样一种观念的形成是随着美国与国外贸易量的增长以及美国海外利益的不断拓展而形成的。随着海运的增长，美国东海岸出现了一批贸易港口，通过海洋与其他国家进行贸易。

1.3.2　扩张时期的海权意识萌芽与现代海洋观的形成

近代美国的海洋意识直至 19 世纪中期才逐渐形成。与历史上的葡萄牙、西班牙、荷兰、英国等海洋大国相比较，美国是一个比较年轻的国家，其海洋意识的形成也较晚于这些国家。但是，美国在基本完成了大陆的扩张之后，随着国家经济的发展以及对海外市场的需求，走向海洋也属于历史的必然。19 世纪晚期，海军对海洋的认识发生了根本性的转变。在此之前的海军军官认为，海洋是大自然给人类设置的障碍，美国人应该专注于开发国内丰富的资源，而不是急于向海外进行扩张。但 19 世纪 90 年代以后，新一代的海军军官改变了对海洋畏惧的心态，认为太平洋不但不是一道天然的沟壑，还是通商和贸易的便捷通道。当美国再度将目光转向海洋的时候，正是工业革命大力发展及蒸汽动力广泛运用之时。美国利用其后发优势，进行了系列的改革与装备更新。

较早的代表人物包括从事太平洋勘测和探险的查尔斯·维尔克斯，主张建立以墨西哥湾、加勒比海为轴心的海洋帝国的海军上尉马修·方丹·莫里,以及将美国设计成"太平洋商业帝国"的威廉·西沃德等。至19世纪末期,马汉"海权论"的提出,极大推动了海洋意识在美国民众及政界中的扩展。马汉在海权理论中提到了海权的三个环节:产品、海运和殖民地。海外贸易可以给美国带来巨大的财富。海洋国家都在竞相获得更多的殖民地,以给本国的货物寻找更多新的销路,给本国的舰船取得更多的活动场所,给本国人民谋求更多的职业,使本国更加繁荣昌盛。① 此外,马汉还进一步表示,"不管美国人乐意与否,他们如今必须开始注意外部世界。这个国家日益增长的生产要求这么做。一种日益壮大的公众情绪也要求这样。美国处于两个旧世界和两个大洋之间的位置也导致了这样的要求,并且很快会因链接大西洋和太平洋的新的通道的出现而强化"。马汉的这些主张,都强化了美国重视海洋、通过海洋走向世界的理念。马汉进一步认为,"海洋国家"代表了最为高级的文明,海上国家对促进所打交道的国家的发展比征服他们更感兴趣。为了整个世界的福祉,海上国家更多注意的是"增进自己的影响而不是强制;是通过物质进步和在精神上接触已创造了最高级的个人和社会成果的文明,来促进当地人民的逐渐发展"。马汉指出,在世界上很多地区仍然处于未开化的种族或国家的控制之下,而后者不健全的政治或经济发展又不能使其认识到所拥有的土地能够在多大程度上被广泛利用,因此,西方的海外扩张是一种自然现象。既然"海上国家"的对外政策秉持着一种关于世界福祉的利他主义,而美国天定命运的使命决定了美国也不能置身度外。在19世纪末美国的扩张时期,马汉的这些言论为美国海外扩张的合法性提供了依据。

在这样一种海洋观的主导下,美国加强了海外军事力量的发展及海外基地的建设,其中包括美国利用巴拿马运河的管理权掌握了沟通大西洋和太平洋的战略通道;吞并夏威夷,并使其成为美国在太平洋上的战略要地与海上力量栖息地;在亚洲,美国占领了菲律宾、关岛等地,建立了通往亚洲的桥头堡。美国通过

---

① 刘娟:《从陆权大国向海权大国的转变——试论美国海权战略的确立与强国地位的初步形成》,《武汉大学学报》(人文科学版)2010年第1期,第71页。

第一次世界大战之后获得的优势地位,在1922年的华盛顿会议上签署了《限制海军军备条约》,取得了与老牌海上强国英国在海军军备上平起平坐的地位,对日本的主力舰和航母的吨位进行了新的规定,确保自己在相当长一段时期内拥有海上优势。

1.3.3　美国全球称霸时期至今的海洋观

二战结束之后,美国已经基本确立了其在海洋上的霸权国地位。同时,美国逐渐改变海洋发展的思路。在将海洋作为美国实现军事力量全球部署通道的同时,除了继续加强和维持美国海上强大军事力量外,美国更加重视本国的海洋权益与管理,增加了对海洋管理、海洋发展战略等方面的内容与措施。在海洋安全观方面,美国在1982年提出了"海上战略"理论和指导海上战略的八大基本原则。这一战略是美国海军自第二次世界大战以来提出的第一份系统完整的战略。"海上战略"以国家军事战略的三大支柱——"威慑、前沿防御和盟国团结"为主,目标是"同兄弟军种及盟国的武装力量一起,通过使用海上力量,使战争在对我有利的情况下结束"。[①] 冷战结束后,随着美国海上安全环境的变化,为确保其全球霸主的地位,美国又频繁地调整其国家安全战略和国家军事战略。在海洋安全领域,美国海军将重心聚焦于世界沿海地区,通过控制沿海地区,将力量和影响投送到陆地,从海上控制和影响陆上事务,以加强对美国全球霸权地位的维护。

近年来,美国又提出了包括海洋在内的"全球公域"理论。[②] 依据美国国防部2010年发布的《四年防务评估报告》,"全球公域"是指不受单个国家控制,同时又被各国所依赖的领域或区域。它们构成了国际体系的网状结构,主要包括

---

① 冯梁主编:《亚太主要国家海洋安全战略研究》,世界知识出版社,2012年,第19页。
② 王义桅:《美国重返亚洲的理论基础:以全球公域论为例》,《国际关系学院学报》2012年第4期。另见王义桅:《全球公域与美国巧霸权》,《同济大学学报》2012年第2期。

海洋、空域、太空和网络空间四大领域。① 这一理论在海上安全问题上的表现就是海上的主要通道巴拿马运河、苏伊士运河、霍尔木兹海峡、马六甲海峡、直布罗陀海峡和曼德海峡等重要的通道,都被纳入美国海上公域安全的范围之内。凭借这一理论,美国在全球战略东移的亚太地区进行试点,以所谓的海上自由通航为借口,介入中国的周边海洋事务。尤其在南海问题上,美国将南海视为其所谓的"全球公域",声称中国的主权宣示"威胁"到该"全球公域"的通过权和航行自由,将美国标榜为"全球公域"的捍卫者。

1.4　美国海洋发展的历史经验对中国建设海洋强国的启示

美国海洋发展的历史经验,既有其独特性的一面,也存在一些其他国家实现海上力量崛起和建设海洋强国可以借鉴的共性特征。在被称为海洋世纪的 21 世纪,拥有 300 万平方公里管辖海域的中国,也高度重视海洋事业的发展。胡锦涛主席在十八大报告中明确提出建设海洋强国的国家战略,"提高海洋资源开发能力,发展海洋经济,保护海洋生态环境,坚决维护国家海洋权益,建设海洋强国"。中国建设海洋强国可以从美国海洋发展的历史经验中借鉴适合中国国情和世界发展潮流的做法。

1.4.1　加强对海洋发展规划的顶层设计

美国海洋事业的迅速发展,与其战略性、前瞻性的海洋发展规划是密不可分的。自美国提出国家海洋政策概念,将海洋建设上升到国家政策层面之后,世界上已有十几个沿海国家,如法国、加拿大、澳大利亚等也开始在国家层面从整体

---

① US Department of Defense, Quadrennial Defense Review Report, February 2010, p. 8.

上考虑海洋政策问题。中国建设海洋强国，建设什么样的海洋强国，通过什么样的途径建设海洋强国等，都要有全局性、统揽性的顶层设计。建设海洋强国顶层设计的颁布，不仅可以为海洋发展的未来进行谋划和布局，更为重要的是通过海洋发展顶层设计，可以整合多种力量资源，围绕海洋强国的建设形成合力，进而尽快实现海洋强国的战略目标。近年来，中国特别注重海洋发展规划的顶层设计。早在 2008 年，国务院就批准了针对海洋工作的首部综合性规划《国家海洋事业发展规划纲要》；而至"十二五"建设期间，国务院又批准了《国家海洋事业发展"十二五"规划》(以下简称《规划》)，由国家发改委、国土资源部、国家海洋局联合印发实施。① 《规划》对"十二五"海洋事业发展提出了总体要求，确定了海洋发展的指导思想、基本原则和发展目标，对新时期海洋事业的发展进行全面部署，并且确定了 2020 年实现海洋强国战略的阶段性目标。

另外，海洋事业的发展也离不开法律层面对建设海洋强国提供的保障。关于制定《中华人民共和国海洋基本法》的呼声近年来越来越高，要求在宪法中规定海洋的战略地位，以立法形式把建设海洋强国战略固定下来。② 同时要求在国务院层面设立专门管理海洋事务的职能部门。

1.4.2　建设强大的海上力量，加强中国海洋执法能力与海洋权益的维护

尽管"前面是军舰，跟随而来的是商船"的时代已经成为过去，但强大的海军与海上执法力量的建设仍然是海洋发展必不可少的有力保障。对于中国而言，在国家安全层面，相当一部分的安全威胁仍然来自海上，加之中国与周边国家围绕海洋资源的纠纷和海洋主权归属等问题的存在，因此，强大的海防力量建设是必不可少的。全球化时代，中国的对外贸易需要通过海洋走向世界，以石油为主的中国的能源安全也有赖于海路的运输，而只有强大的海上力量的存在，才有可

---

① 孙安然：《〈国家海洋事业发展"十二五"规划〉出台》，《中国海洋报》2013 年 1 月 25 日，第 1 版。
② 《专家建议尽快制定海洋基本法　建立海洋警备队伍》，《法制日报》2012 年 12 月 31 日，见 http://news.xinhuanet.com/mil/2012 - 12/31/c_124168759.htm，访问时间：2013 年 1 月 10 日。

能保障中国的海上利益的安全。在国内层面,目前,海洋局已重组,海上执法体制趋于统一。要加快统一后的执法制度建设,做好各部门统一后的融合工作,充分发挥海洋委员会的协调组织作用,切实增强我国海上维权执法效能。

1.4.3　加强海洋科技能力,推动海洋经济的发展

当今时代的国际竞争,很大程度上就是科学技术水平的竞争。美国强大与先进的海洋科学技术的发展,为美国海洋事业的发展与国际领先地位的保持提供了巨大的技术支撑与保障。中国建设海洋强国与促进海洋事业的发展,也离不开强大的海洋科技能力的支撑。中国自"十一五"期间就开始围绕国家重大战略和海洋高科技建设,加强了海洋科技自主创新与重点领域的建设,部署海洋研究的重大技术研究,推动国家海洋科技创新体系的建设,为建设海洋强国奠定基础。而在 2011 年,国家海洋局、科技部、教育部和国家自然科学基金委又联合发布了《国家"十二五"海洋科学和技术发展规划纲要》,对我国 2011—2015 年海洋科技发展进行了总体规划,并确立了海洋科技将从"十一五"时期以支撑海洋经济和海洋事业发展为主,转向引领和支撑海洋经济和海洋事业科学发展的战略目标。[①] 海洋科技的发展与海洋科技成果的产业转化,将有力推动海洋经济的不断发展。另外,需要加强与积极参与国际大型、多学科交叉的海洋研究计划,并要从作为一个大国应有的海洋科技研究国际地位和国家重大需求的战略高度出发,积极谋划以我国为主的大型国际合作研究计划,从而及时了解和掌握海洋科技前沿的发展趋势,尽快缩短我国与世界发达国家的差距。[②]

[①] 《海洋局等联合发布"十二五"海洋科技发展规划纲要》,见 http://www.gov.cn/jrzg/2011‐09/17/content_1949648.htm,访问时间:2013 年 1 月 8 日。

[②] 倪国江、文艳:《美国海洋科技发展的推进因素及对我国的启示》,《海洋开发与管理》2009年第 6 期,第 33‐34 页。

1.4.4　妥善处理与周边国家的海洋争端问题

美国在海洋发展与海上崛起的过程中,妥善处理了与既有海洋霸权国家英国的关系,充分利用机遇进行了跳跃式的发展。[①] 中国建设海洋强国的目标与美国的海上霸权或者通过海洋维护其全球霸权体系的目标是不同的。中国的海洋发展所面临的问题也与美国不同,中国并不是要同海外强国争夺海上霸权。中国建设海洋强国的目标与美国的海上霸权建设的目标也存在着本质的区别。[②] 中国的海洋发展与海洋强国建设倡导并践行"和谐海洋"的理念,遵循《联合国宪章》、《联合国海洋法公约》等国际法准则,其目的是为了维护中国的国家安全与发展。基于此,中国对南海、黄海、东海等所面临的划界和岛屿争端等问题的处理,必须服从于中国和平、合作和发展的大战略,和平解决海洋争端应该是战略首选。[③] 建设海洋强国,并不意味着中国的追求目标是海上霸权。当今时代不同于 20 世纪及以前的海上争霸时代,但对海洋权益维护的决心是坚定的。

1.4.5　积极参与国际海洋规则的制定,加强中国涉海类智库的建设,提升中国"海洋软实力"和中国在海洋领域中的国际话语权

当今美国在世界上具有强大影响力的重要原因是美国参与和制定了世界上大部分的国际制度,在海洋领域也不例外。尽管美国并没有加入《联合国海洋法公约》,但美国是《联合国海洋法公约》的总设计师之一。美国总是选择性地遵守公约的一些规范和规定。中国在海洋发展的过程中,也不可避免地"受制于"国

---

① 刘中民:《世界海洋政治与中国海洋发展战略》,时事出版社,2009 年,第 171 页。

② 《国防部:中国建设海洋强国不是追求海上霸权》,见 http://www.gov.cn/xwfb/2012-11/29/content_2278535.htm,访问时间:2013 年 1 月 2 日。

③ 曹文振:《和平解决海洋争端是首先战略》,《学习时报》2012 年 4 月 9 日,第 2 版。

际海洋规则的约束。被动适应的做法绝对不应该是以海洋强国建设为目标的国家的选择。中国应当积极参与国际海洋制度的构建，使这些制度在国际社会更具有公平性，避免成为某些国家实现霸权的工具。

另外，中国实施海洋强国战略，实现和平崛起，以往单纯依靠强大的海洋军事力量以武力实现海洋强国的发展之路在一定程度上背离了和平与发展的时代主题。发展海洋软实力，通过提升海洋综合实力以实现海洋强国的目标才是当今时代的不二选择。[1] 而海洋软实力的提升，除了增强国民的海洋意识、塑造和谐海洋的理念、完善国内的海洋立法、公开有效地开展海洋执法，以及建设有中国特色的海洋文化、推进海洋文化交流等途径之外，[2]加强海洋社团的建设[3]以及涉海类智库的建设刻不容缓。在涉海类智库的建设方面，应尤其注重与国外相关智库之间的沟通与交流，建设以中国为主导的"第二轨道外交"平台，充分发挥"第二轨道外交"的独特作用，利用这一平台提升中国的国际话语权和影响力，促进中国海洋事业的发展与海洋强国的建设。

中国建设海洋强国和海洋强国战略的提出是历史的必然。世界上的主要强国无一不是通过海洋走上强国之路的。中国作为一个陆海兼备的大国，海洋对于中国具有广泛的战略利益，中国的建设与复兴也必然需要通过海洋和加强海洋事业的建设来实现。虽然中国的海洋发展和建设海洋强国道路不可照搬美国海洋发展的历史经验，但是"他山之石，可以攻玉"，美国海洋发展的历史经验可以为中国的海洋发展提供一些思路。中国在海洋发展过程中，必须立足于本国的现实，以中国的长期发展战略为根本性的战略目标，走具有中国特色的海洋强国之路。

---

① 王琪、季晨雪：《海洋软实力的战略价值》，《中国海洋大学学报》（社会科学版）2012 年第 3 期。
② 王印红、王琪：《中国海洋软实力的提升路径研究》，《太平洋学报》2012 年第 4 期，第 88 - 89 页。
③ 雷波：《海洋社团要为建设海洋强国提供科技支撑》，《中国海洋报》2013 年 1 月 8 日，第 1 版。

2 俄罗斯海洋发展的经验教训及其现代海洋观的形成

俄罗斯属于典型的陆海复合型国家。辽阔的国土面积、丰富的陆地资源、强大的陆军力量使其成为当之无愧的陆地大国；四面临海及漫长的海岸线也决定了其理应成为海洋大国。但在某些历史时期，无论是国家的经济发展还是军事发展，只有其陆地大国的特征得到充分彰显，海洋大国的特征并不明显，因此，俄罗斯只能被称作濒海国家。产生这一现象的深层次原因就是海洋意识的薄弱和海洋观的偏差。受自然地理条件、国家军政领导人的意识等诸多因素的影响，俄罗斯在国家海洋发展过程中表现出明显的阶段性。俄国时期主要是以争夺出海口为目的的传统海洋观；苏联时期逐渐形成了发展均衡海上力量的新型海洋观；今天的俄罗斯对海洋有了新的认识，海洋发展战略也逐渐清晰。纵观俄罗斯的发展史可以看出，俄国的崛起和衰落以及苏联的强盛和衰退无一不与其海洋发展有关，其中既有依托强大的海军力量实行国家海洋发展战略的成功经验，也有过度的海洋扩张减损国家综合实力的深刻教训。其海洋发展中的诸多经验教训值得我们借鉴和反思。

2.1 影响俄罗斯海洋发展的主要因素

2.1.1 自然环境制约着俄国的海洋发展

16世纪前，俄国是一个只有北面靠海的内陆国家，贫穷落后，人口稀少

（1 400万）。从15世纪末到16世纪初的地理大发现时期开始，葡萄牙和西班牙开辟了从欧洲到达东方的航路，以及横渡大西洋前往美洲的新航路，西欧各强国开始通过海洋进行海外资源的掠夺活动。虽然这一时期俄国也参与了扩张活动，但采取的是与西方截然不同的发展模式。西方国家热衷于利用海洋来控制海外领土；而当时的俄国由于看不到海洋给国家带来的好处，因此，更加注重对陆地的控制。随着国土面积的日益增大，国境线不断拉长，再加上地势平坦的东欧大平原无险可守，俄国不断遭受来自南方、东方和西北方向陆上敌人的袭扰。面对不利于防御的地理条件，俄国一直在努力寻找解决问题的办法。在长期的发展过程中，俄国逐渐认识到，海洋不仅能起到天然防御屏障的作用，更重要的是，海洋还能帮助俄国走出封闭，与当时世界的政治经济中心——欧洲强国建立直接的联系，通过贸易往来促进国家经济发展，从而改变俄国落后的局面。

从16世纪开始，俄国在向陆地扩张的同时，也开始兼顾向海洋方向的发展，终于发展成四面临海的陆海大国。但横跨欧亚大陆的辽阔国土在赋予俄国漫长海岸线的同时，也使得四个方向上的出海口相互隔离且相距遥远。它们之间的联系主要通过陆路即陆上运输来实现。海上贸易带来的好处只有离海岸较近的部分地区能感受到。这些受益地区相对于俄国整个国土面积来说只是非常小的一部分。因此，拥有世界之最的领土面积、陆上与十多个国家接壤、可供利用的濒海度较小且极易受到封锁，再加上拥有丰富的陆地自然资源等等，这一切注定了像俄罗斯这样的国家的大陆思维的根深蒂固，其对陆地发展的兴趣远远大于向海洋发展的兴趣。

漫长的海岸线是国家海洋发展的先天优势，但对俄罗斯而言，这一优势表现得并不明显。众所周知，俄罗斯是世界上土地面积最大的国家，但很少有人注意到俄罗斯还是世界上最冷的国家。其"年平均气温为摄氏零下5.5度"[①]，寒冷的气候严重影响到社会生活的各个方面。俄罗斯最长的海岸线正是处于高寒地

---

① ［芬兰］阿尔伯·雍杜宁：《向东还是向西？——俄罗斯的抉择》，王家骥译，国防大学出版社，2012年，第12页。

带的北部,面向北冰洋,许多港口冬季结冰,需依靠破冰船才能通航,从而大大限制了港口的使用,而且这里的人口较少,海岸利用率较其他濒海地区明显偏低。虽然北部是俄罗斯历史上最早拥有的濒海地带,但始终不能作为一个真正的出海口加以利用。这一切使得早期的俄国并不能深刻认识到濒海所带来的海洋优势。

2.1.2 领袖意志对俄国的海洋发展产生着巨大的影响

自然地理条件是海洋发展中的首要因素,但能否规避自然地理条件造成的不利影响,发挥出自身的优势,起决定性作用的还是国家决策层。国民海洋观的树立需要政府的培养,海洋事业的发展更需要政府的推动。政府对海洋发展的作用主要体现在它所制定的海洋政策上:如果政策符合时宜,就可以推动海洋发展;否则,只会对海洋发展造成不利影响。在绝大多数国家中,政府的作用实际上就是国家领导人的意志。无论是在俄国时期还是苏联时期,该领袖意志对国家海洋发展决策的导向性较其他国家表现得更为明显,这是俄国(苏联)依托海洋迅速崛起的根本因素,也是导致其急剧衰退的关键因素。

俄罗斯作为一个典型的陆海复合型国家,在保持传统的陆地大国地位的同时,也始终在努力成为海洋大国。但拥有海洋甚至是通向大洋的出海口,并不等于就是海洋大国,只能称之为濒海国家。因此,对这陆海复合型国家而言,其在国家发展的战略选择上通常都面临着是注重陆地发展还是注重海洋发展的两难境地。面对陆地和海洋的双重诱惑,有限的资源如何分配,决策者如何取舍,重心偏向何处,概括地说,就是要解决比例选择和分配问题。只有明确了比例,才能讨论国家是否值得下大力向海洋进军,采取何种海洋政策,以及建设什么样的海军等问题。这些都对国家的战略决策者提出了更高的要求。决策者是否拥有足够的战略眼光,对国家的发展方向、发展前途至关重要。从这个意义上讲,陆海复合型国家的兴衰受决策者个人因素的影响较大。

纵观俄国(苏联)海洋发展史可以看出,在经济实力允许的情况下,只要决策者重视海洋发展并采取了正确的发展方针和政策,国家的海洋利益就能得到保护和拓展;反之就会衰退。彼得一世为了使俄国摆脱落后的局面,确定了夺取出海口、向西方学习的发展之路。为此他创建了俄国正规海军,并依靠这支力量迅速达到了夺取出海口的战略目标。发展海军并坚决争夺通向黑海和波罗的海的出海口,是彼得一世做出的具有历史意义的抉择。① 为夺取波罗的海出海口,彼得一世做出了两项非同寻常的惊人举措:一是在与当时的海洋强国瑞典开战前派出 200 多人的使团到欧洲考察学习,这是他第一次看到梦寐以求的波罗的海;二是在其所征服的波罗的海芬兰湾的一片沼泽地兴建新都。当时那里荒无人烟,似乎毫无利用价值。但彼得一世敏锐地看出这块地处海滨、面向西方的荒芜之地是个十分重要的战略要地,是其与欧洲发达国家建立联系的前进基地。1703 年,在与瑞典的战争还未见分晓的情况下,他便着手在此兴建新城圣彼得堡,1712 年城市建成后便将首都从莫斯科迁移至此。从中可看出其非同寻常的战略眼光,以及其欲拥有波罗的海的决心和必胜的信心。彼得一世称,新都是通向欧洲的门户,是插在波罗的海岸边的一把双刃利剑,是开辟俄国与西欧各国经济文化交流的捷径。为了从瑞典手中夺取波罗的海的控制权,他在拉多加湖等地建船厂、造舰艇,并于 1703 年建立了波罗的海舰队。在 1700—1721 年同瑞典进行的长达 21 年的北方战争中,这支舰队发挥了非常重要的作用。北方战争以俄国的胜利而告终,使俄国边境向西推进了一大步,俄国也从此由一个内陆国家变为了濒海帝国。

苏联时期的国家领导人对国家海洋发展产生的影响十分重大。斯大林执政期间,苏联综合国力迅速提升,依靠强大的重工业发展成果,苏联建立了一支由四大舰队和四个区舰队组成的海军。这支海上力量在整个苏联时期为保护国家海洋利益和海洋安全做出了重大贡献。赫鲁晓夫上台后,尽管当时苏联已具备大力发展海军的经济基础和工业基础,但他奉行"核武器至上"论,推行"火箭核战争战略",认为未来的核大战中,一切任务都可以在没有舰队参加的情况下完

---

① 冯梁等:《中国的和平发展与海上安全环境》,世界知识出版社,2010 年,第 27 页。

成,致使许多舰艇在1955年开始的削减军费的运动中退出现役。1962年的古巴导弹危机中,面对遥远的加勒比海,苏联海军根本无力保护世界大洋上的国家利益。1986年1月15日,戈尔巴乔夫提出了"新思维"。他对于当时国际形势的看法是:战争已经不再是解决问题的最后手段,国际格局应当是所有国家利益的综合平衡;世界已经成为相互依存的整体;核战争不会有胜利者,只会造成人类自身的毁灭,主张用非暴力手段来保卫国家安全。在此基础上,戈尔巴乔夫提出了"人类的利益高于一切,人类的生存高于一切"的观点。[①] 在军队建设上,戈尔巴乔夫强调武装力量建设应服从经济建设的大局。他在1987年召开的苏共二十七大上提出,要"将军事力量限制在合理够用范围内"。据此苏军开始采用"合理够用"的原则和质量建军方针,削减军费,缩小军队规模。海军的地位作用也因此发生了一系列变化,主要表现在以下四个方面:一是海军的独立性受到削弱;二是海军在武装力量中的地位明显下降;三是海军的发展重点突出强调完善兵力结构、提高武备质量;四是海军不再介入局部战争和武装冲突并减少在海外的军事存在。其新思维不仅导致海军地位的下降,使苏联失去了对世界大洋的控制,而且还最终导致苏联的解体。

2.1.3 国家利益的需求对俄国海洋发展发挥着牵引作用

海洋大国最重要的标志是获得与其在世界大洋上的利益相适应的海洋实力,并为经济、政治和社会的发展而获得有效运用。谋求国家利益成为一个国家海洋发展战略的核心目标。在尼古拉一世执政期间(1825—1855年)俄国首相兼外交大臣亚历山大·戈尔恰科夫首次提出了俄国国家利益概念。虽然提出该概念的时间相比于西方国家较晚,但国家利益包括国家的海洋利益是始终存在的。

在伊凡四世统治时期(1547—1584年),俄国开始走出封闭,施行积极的对

---

① 刘卓明主编:《俄、英、日海军战略发展史》,海潮出版社,2010年,第130页。

外政策,努力发展海上航路,并且明确提出了海上活动的三个主要方面:一是经济活动,即进行海上贸易和海上运输;二是科学活动,即进行海洋研究;三是军事活动,即在重要的国家利益地区保持军事存在,保卫国家领土。① 可以看出,从这一时期开始,俄国开始把争夺出海口作为促进国家贸易发展以获得更多国家利益的重要手段。彼得一世执政(1682—1725 年)后,为了摆脱俄国落后的局面,采用强制手段进行了一系列以军事政治利益为出发点的改革,为对外扩张奠定了坚实的基础。其海上方向的发展目标是:向西——夺取波罗的海出海口,进入大西洋;向南——夺取黑海出海口,开辟通向地中海的道路;向东——开辟通往太平洋的航路。夺取波罗的海出海口后,俄国的贸易得到了长足发展。北方战争期间及战后,俄国工业发展迅速,产品的出口大大增多。如 1725 年,铁的生产量达到 1 100 多万公斤,约 50%用于出口。至 18 世纪 80 年代,英国 50%的工业用铁来自俄国。②

1906 年,海军大臣给尼古拉二世提交了一份俄国海上武装力量发展和改革计划的报告。报告试图明确俄国在世界大洋上拥有"永久"利益,并强调指出,要实现俄国在近东和远东的发展目标,"只有发展海上力量,并依靠在黑海和太平洋强大战斗舰队的力量"。该报告得到了尼古拉二世的肯定。俄国之后制定了《俄国舰队法草案》。《草案》规定:1930 年前,要大力提升波罗的海舰队的实力,其编成中应包括 28 艘战列舰、12 艘装甲巡洋舰、32 艘巡洋舰、126 艘驱逐舰和42 艘潜艇;1919 年前,黑海舰队应拥有 8 艘战列舰、4 艘装甲巡洋舰、9 艘轻型巡洋舰、36 艘驱逐舰和 26 艘潜艇。③ 其主要战略任务是保护从大西洋到波罗的海、从日本海到太平洋、从黑海到地中海的海上航线。近期目标则是保障黑海至地中海的航行自由。但由于第一次世界大战的爆发,这项宏大的海军建设计划未能实现。

苏联时期,国家利益的概念被淡化,更加注重的是阶级利益。尽管这一时期

---

① М. Монотов,《Русский строй》,Москва,2003.

② М. Монотов,《Русский строй》,Москва,2003.

③ М. Монотов,《Русский строй》,Москва,2003.

任何词典中都没有关于国家利益概念的解释,但有不少关于国家利益的阐述,而且这一时期苏联的国家利益比以往任何时候都要广,几乎遍及全世界。为了打破西方国家的垄断,苏联建立了庞大的运输船队,货运量逐年增加。如1973年,苏联船队的总吨位为1 400万吨,1978年超过2 080万吨,①航线遍布世界各大洋。同时,对世界各大洋的科学考察活动日益增多。20世纪70年代中期,苏联在科考船只的建造领域里居世界领先地位,500吨以上的科考船只达到160多艘。科学考察成果大大提升了国民经济效益,拓展了国家利益。与此同时,苏联建立了强大的远洋海军,使苏联在世界大洋上的国家利益得到可靠的保障。

2.2 俄罗斯依托海洋发展的历史阶段

2.2.1 俄国时期争夺出海口的传统海洋观与国家的崛起

传统的海洋观认为,走向海洋离不开战争,而控制海洋的目的是将其作为经济或军事交通通道,利用海洋来谋求国家利益。俄国的海洋发展也是按照该模式进行的。通过其海洋扩张史我们可看出,彼得一世及其继承者之所以竭力争夺出海口,就是想利用海洋达到威胁他国和建立防御屏障的目的,并为俄国的经济发展和海外贸易自由提供保证。经过几百年的努力,俄国终于在各个方向都触及了海洋。走向海洋也为俄国的崛起奠定了坚实的基础。

2.2.1.1 面向南方的海洋发展与俄国成为海洋国家的尝试

15世纪末西欧各强国开始实施的地理大发现运动对俄国是个极大的触动。当时的俄国也曾进行过争夺出海口和开辟新航线的尝试,但由于种种原因没有达到目的。到彼得一世时期,俄国的新兴商人为了发展贸易,急需扩大海外贸易,加强同西欧的商业联系,而俄国闭塞的状况严重阻碍了这一进程。1693年,

---

① 〔苏〕С. Г. 戈尔什科夫:《国家海上威力》,房方译,海洋出版社,1985年,第53页。

彼得一世来到北方的阿尔汉格尔斯克,这是他平生第一次看到海洋。当时这里是俄国唯一的海港,因为冰冻,一年中可以使用的时间不超过 3 个月。码头上俄国的木材、亚麻、皮货等商品堆积如山,但进行货物运输的主要是英国和荷兰的船只,很少有俄国的商船。彼得一世深感俄国由于缺少出海口和海上贸易而造成封闭和落后,提出了"通商是人类命运的最高主宰"这一发展理念。① 彼得一世正是基于俄国经济、社会、文化发展的需要及对外扩张的野心,制定了以夺取海域、征服欧洲为主要目的的国家发展方针。因此可以说,俄国有目的的海洋扩张始于彼得一世时期。

彼得一世认为,利用海路使俄国商品与外界进行交换有着巨大的发展潜力,这为俄国之后的飞速发展奠定了基础,明确了其海洋政策的方向。为了夺取能与西方进行联系的出海口,他连年征战 28 年。他在执政初期就认识到,黑海周围的地区将在俄国的政治经济生活中起着重要作用,于是把首要进攻目标定在了这片水域。虽然俄国境内河流众多,而且东欧平原的大部分河流都流入黑海,但进入黑海的出海口却不在俄国人手中,这使得俄境内的河流变成了内陆河,无法与外界通航。当时,控制黑海的是有着强大陆军和海军的土耳其。为了夺取黑海的出海口,1695 年和 1696 年,彼得一世两次率军远征,攻打土耳其位于亚速海之滨的亚速城。第一次远征因没有海军的支援以失败告终;一年后,彼得一世依靠刚建立的正规海军再次远征亚速,通过陆海军的协同作战终于攻占了亚速城,取得了俄国夺取出海口斗争中的第一场重大胜利,改善了俄国在南方的战略地位。在夺取亚速城后,彼得一世下令铸造纪念章,希望俄国人永远铭记国家在南方战略进攻中成功迈出的第一步。通过两次亚速远征,彼得一世认识到海军的重要性,从此,俄国海军在他的亲自过问下,不断发展壮大,并为其海上扩张战略的实现立下了汗马功劳。彼得一世的亚速海远征行动为其后继者定下了通过战争实现控制黑海及地中海这一战略目标的方针。

叶卡捷琳娜二世(1729—1796 年)于 1762 年执政后,共发动了两次俄土战

---

① [苏]戴维森、马克鲁申:《远洋的召唤》,丁祖永等译,新华出版社,1981 年,第 24 页。

争。第一次战争(1768—1774年)使俄国获得了舰队自由进出黑海、商船在黑海航行并通过黑海海峡的权力,而且克里米亚归俄国所有。第二次战争(1787—1792年)的胜利使俄国舰队牢牢掌握了黑海的制海权,提高了俄国在高加索和巴尔干的政治地位,实现了彼得一世获取南方出海口的愿望,也使俄国的版图面积从1 642万平方公里扩大到1 705万平方公里。从此,俄国在黑海和亚速海沿岸站稳了脚跟。

然而,俄国向南方的海上扩张遭到了英国、法国和奥地利的强烈反对,因为"如果俄国占领了这两个海峡,无论在贸易和政治方面,对英国实力都是一个沉重的打击,甚至是致命的打击"①。1853年,俄国与英国、法国、土耳其为争夺势力范围爆发了克里米亚战争。战争以俄国战败而告终。俄政府被迫签订了《巴黎和约》,承认黑海中立,对所有国家的商船开放,并不得在黑海保持舰队。克里米亚战争是一个非常重要的历史分界线。战败不仅使俄国丧失了部分领土,还使俄国夺取自由进入地中海出海口的政治目的变得遥不可及。战败也大大降低了俄国在世界上的政治地位。

2.2.1.2 面向西方的海洋发展与俄国的崛起

由于在争夺南方出海口的过程中遇到阻力,短期内无法解决拥有黑海出海口并进入地中海的问题,于是彼得一世暂时搁置南方的战略目标,转而去解决更迫切的问题,即夺取当时俄国所向往的通向世界财富中心的波罗的海的出海口,从此开启了俄罗斯历史上的波罗的海时代。

波罗的海不仅是北欧交通贸易的重要通路,也是俄国通向大西洋的最短通道,当时的波罗的海主要为瑞典所控制。为了从瑞典人手中夺取波罗的海的控制权并在沿岸设立商业港口,1700年8月9日,俄国正式向瑞典宣战。这场争夺波罗的海地区霸权的战争史称"北方战争",历时21年。通过占领一个又一个战略阵地,彼得一世最终控制了涅瓦河两岸、涅瓦河的源头及其出海口。1703年开始兴建圣彼得堡,使俄国第一次获得了通往波罗的海的出海口。1709年6

---

① 《马克思恩格斯全集》(第9卷),人民出版社,1980年,第14页。

月 27 日,在乌克兰的波尔塔瓦城下,俄国军队再次与瑞典军队交锋,取得了辉煌的胜利。波尔塔瓦之战的胜利是此次战争中一个最重要的历史时刻,它标志着瑞典强国地位的终结。之后,俄军开始向北欧发起进攻,形势开始朝着有利于俄军的方向发展。最终,瑞典与俄国于 1721 年 8 月 30 日签订了《尼斯塔特和约》,瑞典从此让出了被俄国军队占领的波罗的海沿岸地区。

在争夺出海口的过程中,彼得一世运用的军事战略是:以争夺出海口为战略目标,以坚决行动为基本作战原则,以消灭敌军主力为作战目的,以军事改革来推动陆海军的建设。其采取的经济发展措施是:大力支持和促进对外贸易,除了发展同欧洲各国的贸易外,也同东方国家进行贸易往来;鼓励外国人在俄投资办厂,在经营一段时间后,再转让给俄国人经营;招聘国外的专家和技术人员到俄国来帮助兴建官办工场等。彼得一世执政前,俄国军需民用的铁都要从瑞典进口,到 1725 年已经可以向国外出口。1680 年,俄国国库收入为 150 万卢布,到 1725 年,超过 900 万卢布,保证了其对外扩张的经费需求。

西进波罗的海的扩张是俄国海洋战略最成功的部分。它打开了面向欧洲的窗口并直接推动了俄国的崛起。

如果说彼得一世打开的是一扇窗,那么叶卡捷琳娜二世则打开了一扇进入强国之列的大门。在她统治期间以及之后一个多世纪,俄国海军在波罗的海占有绝对的优势。她三次瓜分波兰,侵占立陶宛、白俄罗斯和西乌克兰的大部分土地,使俄国陆地面积不断扩大;在经济上大力推动资本主义工商业的发展,与西班牙、葡萄牙、丹麦、英国、法国签署了一系列商务条约,废除了出口税,大力推进对外贸易;在文化上,广纳人才,兴办教育,到她去世时,俄国有 549 所各类学校,她还派遣大批留学生到西欧国家学习深造;海军也征服了黑海和地中海,驻泊港口覆盖了英国、西班牙和意大利。① 她实现了彼得一世未实现的战略目标:巩固俄国在波罗的海及波罗的海沿岸地区的地位,使俄国在黑海和亚速海沿岸站稳脚跟。

---

① Конолев,"*Будущее России и Флот*,"《Морской сборник》,2001.10,с.15.

2.2.1.3 面向东方的海洋发展与俄国的兴衰得失

俄国在与土耳其争夺南方出海口、与瑞典争夺波罗的海出海口的同时,也一直觊觎着东方太平洋的出海口。1639 年,俄国探险家莫斯克维京在鄂霍次克海北岸的鄂霍次克建立营地,此后这里发展为俄国在太平洋的第一个海港。1679年,俄国人入侵堪察加半岛并陆续全部占领之。从 18 世纪末到 19 世纪上半叶,俄国的海上势力一度扩张到北美沿岸。1733—1743 年,俄国组织了北方大考察,主要任务是测量伯朝拉河口至连接北海与太平洋的海峡之间的北冰洋海岸,查明是否能沿北方海路驶入太平洋,寻求通往日本的道路,抵达美洲西北岸,并勘察了千岛群岛。俄国先后共组织了五支考察队,其中一支发现了亚洲大陆与美洲大陆的分界线,即今天的白令海峡。1786 年,俄国政府宣布,将阿拉斯加、阿留申群岛和白令海的其他岛屿并入其版图。1799 年,俄国在阿拉斯加建立了俄美公司。后由于克里米亚战争的战败,俄国为了拉近与美国的关系,于 1867 年将这块 150 多万平方公里的“荒地”以 720 万美元卖给了美国。1873 年,俄国在海参崴设置军港,取得了向太平洋扩张的重要基地。1891 年,开始修建横贯西伯利亚的大铁路,这条铁路为俄国向东方的扩张和经济发展提供了极大的便利。1897 年,俄国强占了中国旅顺、大连及附近海域,并建立了以旅顺为基地的太平洋舰队。仅 19 世纪下半叶,俄国就强占了中国近 150 万平方公里的土地。几个世纪以来,俄国向东扩张的过程虽然缓慢,但基本上没有遇到强劲对手的阻挠。最终其东扩战略受到了来自英、法等国特别是日本的挑战,进而导致日俄战争的爆发。

日俄战争(1904—1905 年)是日本为获取远东的重要战略经济区和重新瓜分远东势力范围、俄国为巩固自己在该地区的既得利益而进行的一场战争。战争以俄国的失败而告终。当时从波罗的海舰队派出增援的分舰队航行 18 000海里,历时 8 个月才到达远东,在绕道非洲、穿越中国海时,没有一处基地可为其提供军舰修理和燃料补给,只能依靠德国一家公司派出的煤船定期在海上为该分舰队添煤。日俄战争的失败对俄国是一个沉重打击,通向太平洋的海道又被堵死,海军更是遭受了灭顶之灾,除少数几艘逃走的、波罗的海正在建造的几艘新舰及几艘陈旧的舰艇外,太平洋舰队和波罗的海舰队全军覆灭。战争的失败迫使俄国从远东的扩张中退缩,俄国的经济、军事实力也从此被极大地削弱。

2.2.2 苏联时期发展均衡海上力量的新型海洋观与国家的强盛

1917年11月7日苏维埃政权建立后,苏联一直在国际社会中处于孤立状态,无暇顾及海洋的发展。这种情况延续至二战结束。历史上,俄国一直面临来自陆上敌人的威胁,冷战开始后,它第一次面临来自大洋彼岸的威胁。20世纪七八十年代,苏联建立了以海军为核心的国家海上力量体系,并利用海洋谋求国家发展和安全利益。这是苏联建立以来国力最强大、向海外扩张势头最强劲的一个时期,也标志着其发展均衡海上力量的新型海洋观的形成。

2.2.2.1 推进面向世界大洋的地缘政治扩张战略

在20世纪二三十年代的国民经济恢复期,苏联确立了优先发展重工业的方针,建起了6 000多个大企业,但卫国战争的到来终止了其工业大发展的步伐。二战后,面对西方势力的打压,苏联迅速恢复并大力发展重工业特别是军事工业,很快就使自己的综合国力指数排到了世界第二的位置。苏联尽管综合国力不能与美国相比,但是,对海洋事业的发展还是给予了大力的支持。如二战前,苏联的捕鱼船队从不驶出自己的近岸水域;二战后,开始驶出传统的作业水域,而且越走越远。为了扩大自己的势力范围、谋求更多的国家利益,苏联开始将自己的政治、经济和军事影响力从欧亚大陆的心脏地带向海外扩展,将地缘政治扩张的触角伸向了世界各大洋。其面向世界大洋的地缘政治扩张目的主要有两个:一是军事目的,即在世界相关海域保持能与西方国家特别是美国相抗衡的军事力量,限制乃至切断美国同欧亚大陆和非洲的联系;二是经济目的,即控制世界上的热点资源地区,特别是石油产区,这也是其不断扩张的最终目的所在。

身为社会主义阵营中的领军者,苏联在向海洋发展过程中显示出其特有的模式:首先在全球各战略要点选择合适的对象,并于合适的时机提供经济援助、技术援助等;接着进行军事渗透,建立军事基地,包括海军基地,以与美国争夺为世界海洋霸权提供支撑的前进基地。苏联这一做法的主要目的是通过其同盟组织为其在欧亚大陆和非洲各个地区实现政治目标捞取必要的战略资本,同时限制西方特别是美国的战略行动。

苏、美海洋争夺的主战场集中在地中海和印度洋波斯湾地区。地中海、苏伊士运河、红海、印度洋、波斯湾一线,是美国两洋舰队的联系通道和西方从中东运输石油的生命线。苏联海军针对美国海军的战略部署,力图南下地中海和印度洋,并将其置于自己的控制之下。

地中海因其重要的经济、军事战略地位历来是世界海洋强国的争雄之地。许多古代文明均围绕这片水域而产生,如克里特、腓尼基、迦太基、希腊、罗马、拜占庭、阿拉伯、奥斯曼帝国。① 所有这些文明在不同的时代在这里斗争、合作,并通过这片海域影响着自己的邻国。对苏联来说,地中海也是其进入世界各大洋的重要交通枢纽。控制了地中海,苏联四个方向上的海上力量就能连为一体:穿过黑海海峡可进入黑海;西出直布罗陀海峡,可到达波罗的海海域和北方海域;南下苏伊士运河、红海,可抵达印度洋进而连接其太平洋海域。经过不懈努力,苏联在埃及建立了其在地中海的第一个立足点。1955 年 10 月,苏联提出资助埃及修建阿斯旺水坝;之后,与埃及之间的海运量越来越大。1970 年,苏联地中海分舰队在亚历山大港设立了地中海岸基司令部,并在阿斯旺建起了两个空军基地。60 年代后期,苏联开始对叙利亚提供军事援助,并获得了叙利亚最大的海港拉塔基亚和第二大港口塔尔图斯作为海军基地的权力。70 年代初,苏联向利比亚渗透,在巴尔迪亚修建了海军基地,同时还获得了苏尔特湾南岸的班加西及濒临地中海的的黎波里等基地的使用权。

印度洋是俄国几代人的梦想之地。为了打通由地中海进入印度洋的通道,苏联早在 20 世纪 50 年代初就获得了埃及重要海港的使用权,能够自由进出苏伊士运河和红海。之后,苏联在这一海域又获得多个港口的使用权,并在埃塞俄比亚扩建军用机场,修建海军基地,使其成为苏联在红海的据点。进入印度洋的

---

① Игорь Лошев, "Морская политика и география."

关键是要控制红海出口和亚丁湾。1963 年,苏联与索马里签订军事援助协定,获得了在其首都摩加迪沙和南部的基斯马尤港的使用权。1969 年获得了南也门扼红海出口的亚丁港的使用权,并在南也门修建了军事基地,从而加强了对红海和亚丁湾的控制。苏联还在东临阿拉伯海的索科特拉岛建成了一个现代化的海空军基地,确保了在阿拉伯海和北印度洋的制空权和制海权。1967 年,美国深陷越南战争泥潭,英国从苏伊士运河以东地区撤军,苏联趁机与印度发展关系,为其提供设备和物资援助,并开始派舰艇到印度沿海进行定期巡航。1969 年正式向印度洋派出分舰队。至此,苏联终于实现了其南下海洋发展战略的终极目标。苏联向印度洋扩张,一方面是为了与美国争夺海上交通线,更重要的是争夺波斯湾的控制权。波斯湾是世界上最大的石油输出地区,控制了波斯湾,就能控制西方世界的大部分石油战略资源。1979 年,苏联甚至出兵阿富汗,想从陆上打通南下印度洋的通道。此举表明,苏联把控制波斯湾产油区视为其首要的战略目标。由于美国的打压,苏联在波斯湾一直没能得势。阿富汗战争成为苏联自二战以来最大的军事败笔,也成为其由盛转衰的一个重要转折点。

波罗的海是苏联波罗的海舰队及商船队西出大西洋的内海,是苏联与西方国家进行贸易往来的终点和起点。这里有苏联最大的造船中心,全国一半以上的军舰及商船都在此建造,沿岸分布着世界著名的大海港。因此,控制了波罗的海就等于控制了沿岸诸国的海上命脉,为苏联进入大西洋开辟了通道。由于地理和历史的原因,波罗的海沿岸诸国一直是苏俄推行对外政策的首要目标。1920 年 2 月 2 日,苏俄首先同爱沙尼亚签订了和约,建立了正式外交关系,并确定了两国的国界线。这是苏俄签订的第一个国际和约。列宁指出,"这项和约是一扇通向欧洲的窗户。它使我们有可能同西方各国进行商品交换"。① 之后,苏联又先后与立陶宛、拉脱维亚、芬兰等国签订了和约。二战爆发后,苏联为防止战火东延,巩固西部边境的安全,从 1939 年 9 月至 1940 年 8 月间,采用各种方法把国境线向西推进,从波罗的海到黑海构筑了一条防御带,并出兵占领了波

---

① 《列宁全集》,第 38 卷,人民出版社,1980 年,第 119 页。

兰、西乌克兰和西白俄罗斯。之后,苏联又与芬兰进行交涉,要求在芬兰和在芬兰湾的芬兰所属的某些岛上设防,租借其海军基地等。在交涉无果的情况下,1939年11月30日,爆发了苏芬战争。苏军取得胜利,整个曼纳海姆防线地区被划给了苏联,靠近列宁格勒地区的芬兰国界北移了150公里。苏联此战共获得4.1万平方公里的土地。此外,芬兰将汉科半岛及附近岛屿租给苏联,为期30年。苏联还将波罗的海三国纳入自己的版图,不仅增加了17.4万平方公里的土地,而且建立起在波罗的海沿岸的缓冲地带。60年代中期以后,苏联在波兰的格丁尼亚、东德的扎斯尼茨等海港建立了海军基地,并与波罗的海华约国一起建立了一支联合舰队。在整个冷战时期,波罗的海实际上成为苏联的"内海"。

加勒比海被称为西半球的地中海,处于南北美洲的接合部。这里本来是美国的势力范围,苏联为了追求更多的海洋利益,也努力向该海域进行渗透。1961年,美国与古巴断绝关系,并对其实施经济封锁。古巴向苏联求援。苏联也正想在美洲找一个与美国进行对抗的立足点,于是开始对古巴提供援助。一开始主要是经济援助,从黑海往古巴运送原油等,最后发展到把核导弹也运进古巴。但这一军事部署行动遭到了美国的强力阻拦。1962年10月22日,美总统肯尼迪发表讲话,要求苏联将导弹撤回或摧毁。与此同时,美国海军兵力在大西洋和太平洋展开,将大西洋通往古巴的5条航道全部封锁。面对强大的美国海空兵力,苏联最终撤出了导弹。尽管军事部署计划被取消,但苏联与古巴之间的经济往来依然十分活跃,仅1968年共往来运送了1100万吨货物:苏联输出的是石油、建筑材料、机械和食品,从古巴输入的是糖、矿物等。1969年,苏联海军再次进入加勒比海活动。经过十几年的经营,苏联帮助古巴加强和完善了在南岸的圣地亚哥、西恩富戈斯和北岸的哈瓦那等几个大海港的军事基地设施,对美国和西欧的南大西洋运输线构成了极大威胁。

在太平洋方向上,苏联拥有本土、萨哈林岛(库页岛)、堪察加半岛及南千岛群岛一条完整的军事基地链。二战后,为了与日本争夺渔业资源,苏联从千岛群岛的太平洋洋面到堪察加半岛的白令海划了一条保护线,把线内的日方捕鱼量限制在每年5万吨。1974—1982年,因进入南千岛群岛(日称"北方四岛")海域而被苏联扣押的日本渔船就有 1 201 艘。南千岛群岛总面积 4 996 平方公里,是世界著名的渔场,二战前属日本行政管辖,战后划归苏联。它对苏联在远东的经济、军事价值重大,因此,苏联始终坚持该群岛的归属权不容更改。20 世纪六七十年代,苏联海洋活动范围开始逐渐向中太平洋和南太平洋扩展。到达越南港口的苏联商船从 1964 年的 47 艘猛增至 1967 年的 433 艘。① 根据太平洋扩张战略的需要,1976 年,苏联与越南达成协议,太平洋舰队分舰队进驻越南的金兰湾,除使用美国第 7 舰队遗留下来的海军基地外,还新建了潜艇基地和导弹基地,拥有了胡志明市港、岘港和海防港的使用权,从而完全掌握了越南东岸沿海的制海权,使苏联太平洋舰队的前沿存在向南延伸了 2 000 多海里。进入 80 年代,苏联太平洋舰队已向金兰湾派遣长驻远程侦察机和由 10 多艘舰艇组成的海军编队,② 与美国驻菲律宾苏比克湾和泰国梭桃邑的海军兵力形成了对峙的局面。苏联海军在太平洋的势力范围不断扩大,也标志着美国独霸太平洋时代的终结。

2.2.2.2　加强国家海上力量体系中的海军力量建设

俄国(苏联)由于缺乏通向大洋的便利出口,除了科拉半岛和堪察加半岛外,其他都是封闭或半封闭海域,这一地理特点决定了其主要还是陆地大国。因此,在军队建设方面,苏联陆军占有绝对的优先权。海军建设一直处于起伏动荡中,而且远没有像陆军那样成为国家推行扩张政策的有力工具。③ 几个世纪以来,俄国(苏联)直接或间接参与的战事不断,但海军始终充当着陆军助手的角色。有人认为,历史上俄国海军只进行过一次真正的海战,即日俄战争中的对马海战,还以全军覆没而告终。再加上苏联并无太多的海外利益需要保护,因此,苏联国内在海军建设、使用及作用、地位等问题上一直存在争议。尽管如此,海军在国家海洋发展中的作用却是不容置疑的。

① ［英］戴维·费尔霍尔:《苏联的海洋战略》,生活·读书·新知三联书店,1974 年,第 79 页。
② 李永采等:《海洋开拓争霸简史》,海洋出版社,1990 年,第 336 页。
③ 冯梁等:《中国的和平发展与海上安全环境》,世界知识出版社,2010 年,第 29 页。

　　国内战争结束后，海军方面就恢复海军及其在武装力量中的作用和地位定位问题提出了自己的想法，但国家的军政高层对此没有做出反应。例如，在1921年3月俄共（布）第十次代表大会召开前夕，海军方面拟制了一份《重建海军法令草案》，其中心思想就是要建设一支强大的海军。但海军的这一想法没得到国家军政高层的支持。出于经济因素的考虑，这一阶段的海军建设主要是建造潜艇和小型水面舰艇，没有将大型舰艇的建造列入计划中。进入30年代的和平建设时期，苏联在国家工业化和整个国民经济技术改造的基础上开始重新装备陆军和海军。海军开始在波罗的海舰队的基础上逐步建立起其他几个舰队。1930年重建战争中被摧毁的黑海舰队；1932年4月重建远东海军，1935年1月11日改编为太平洋舰队；1933年5—9月从波罗的海舰队抽调兵力北上组建了北方区舰队，1937年5月11日改编为北方舰队。至此，苏联海军宣告建成，其编成包括四大舰队——北方舰队、波罗的海舰队、黑海舰队、太平洋舰队；四个区舰队——多瑙河区舰队、里海区舰队、平斯克区舰队和阿穆尔区舰队。1941年，刚刚组建起来的苏联海军又投入到了卫国战争中。库兹涅佐夫海军元帅在评价当时海军的战斗力时说："我们虽然没有来得及建成一支大海军，并且用各种最先进的兵器装备我海军的兵力，但我们的海军仍然是有战斗力的。"[1]

　　战争打乱了苏联既有的海军建设计划。由于前线失利，舰艇的生产基地大大收缩，最大的造船中心列宁格勒处于围困之中。当时西部的技术设备、工厂等都迁往了东部，仅1941—1942年，就有约2 500万人，2 000多家企业疏散到东部。[2] 由于战争主要在陆上进行，国家把生产力首先集中在制造陆军所需的武器上，许多造船厂都改为陆军服务，主要生产坦克及其他的陆军武器装备。

　　战后的最初十年，从地理上看，苏联海军活动的自由度较战前有了一定程度的改善，占据了波罗的海三国、千岛群岛等，继续使用中国旅顺口海军基地，同时苏联政府还制订了一个庞大的造舰计划，但科学技术的限制，以及二战中海军与

---

① ［苏］Н. Г. 库兹涅佐夫：《前夜》，军事出版社，1966年，第301页。
② 李英男、戴桂菊：《俄罗斯历史之路》，外语教学与研究出版社，2002年，第348页。

陆军相形见绌的战绩,妨碍了海军的快速发展。在恢复和建设新型海军方面不仅苏共中央内部有不同意见,而且军方和工业部门之间也有分歧。[1] 尽管如此,这十年里所取得的科学和工业成就为加强海军的战斗力积聚了非常丰富的科技成果和生产储备,为苏联建设远洋导弹核海军创造了条件。

冷战中期是苏联海军大发展时期。由于核武器的出现,海军在赫鲁晓夫的绝对控制下,建设方向发生了很大变化。他认为,在当前政治、军事、经济条件下,包括海军在内的常规力量无法对最主要的潜在敌人构成现实威胁的情况下,只有大力发展海基核力量,才是建设能与美国在大洋上抗衡的海军的既快又省钱的做法,是唯一能与美国抗衡的手段。[2] 由于赫鲁晓夫对潜艇和导弹武器的偏爱,建造核潜艇舰队并将其作为海军的一个主要兵种,成为苏联海军发展的主要方向。1955 年 2 月苏共"二十大"以后,苏联决定要建设一支能够担负起攻击性战略任务的出海舰队,因此,淘汰了一批旧的而且只适用于近岸的过时潜艇,开始装备弹道导弹潜艇,实现了武器装备导弹化、推进装置核动力化。由于海军发展极度不平衡,绝大多数的水面舰艇只能在近岸活动,只有潜艇偶尔进行远程航行。1962 年的古巴导弹危机是苏联海军大发展的契机。从此,苏联海军放弃了近海防御战略,开始实行远洋进攻战略,建立一支远洋舰队已势在必行。

从 1964 年勃列日涅夫出任苏共总书记时起,任海军司令近十年的戈尔什科夫(1956 年 1 月至 1985 年 12 月任苏联海军司令)拥有了海军建设的决定权。此时苏联的经济、军事实力增长迅速,大规模建设海军的物质条件和思想条件已经成熟。在戈尔什科夫的领导下,苏联海军进入了大发展时期(1964—1985年)。1965 年底,苏联政府发布命令,要建设远洋导弹核海军。因此,1966—1975 年第三个十年规划中出现了重型载机巡洋舰(苏联式航母)的建造计划。从 1966 年开始,苏联军事和民用造船业步入了黄金时代。1967、1968 年,为对付美国弹道导弹核潜艇而研发的反潜载机巡洋舰"莫斯科"号和"列宁格勒"号建

---

① Г. Гостев, "ВоенноМорской Флот в последние полвека ,"《Морской сборник》,1999. 3 ,с. 25.

② Г. Гостев, "ВоенноМорской Флот в последние полвека ,"《Морской сборник》,1999. 3 ,с. 26.

成并服役。虽然该型航母存在着排水量小、稳定性和适航性较差等缺陷，但毕竟在航母建造道路上迈出了艰难的第一步，并为建设后续型号的航母积累了宝贵的经验。到 1970 年，苏联的作战舰艇总数已经超过了美国的，两者为 1 575∶894①，而且苏联的多数舰艇为新造舰艇。勃列日涅夫公开宣称，苏联是一个世界大国，国家利益遍及全世界。到 70 年代中期，远洋导弹核海军的建设基本完成，已经拥有弹道导弹潜艇 72 艘（其中 52 艘是核动力的），攻击型核潜艇 74 艘，大型水面舰艇 60 艘，各型飞机 1 165 架。1985 年 1 月 1 日，约有 50 万人在海军中服役，舰艇总数达 1 800 多艘。② 苏联海军从一支近海防御力量发展成为一支在全球范围争夺海洋霸权的超级海军，海军的战略影响力逐渐增大。苏联舰艇开始出现在各个大洋上，除了黑海、波罗的海、北冰洋和西北太平洋等传统近海海域外，还定期在地中海、加勒比海、印度洋进行巡逻。苏联海军在世界大洋上的存在，不仅是国家实力的体现，同时也成为维护国家海外利益的有效工具。戈尔什科夫在其《国家海上威力》一书中写道："在巩固国家的独立、发展国家的经济和文化的过程中，沿海国家的海军始终起着相当大的作用。海军的强大是促进某些国家进入强国行列的诸因素之一。历史证明，如果没有海军力量，任何国家都不能长期成为强国。"③

2.2.2.3 构建具有划时代意义的国家海上威力体系

20 世纪 60 年代，人类在海洋中的活动空间范围从水面发展到上空、水下及海底。伴随着苏联经济水平和综合国力的上升，到 70 年代中期，苏联 20 多种主要工业品，尤其是能源方面，如电力、原油、原煤、天然气、钢等产量均大幅度超过美国，为苏联海上力量的发展打下了坚实的物质基础。这一时期，海军有 20 多个海外基地，航迹几乎遍布世界大洋的各个角落。1976 年，戈尔什科夫的《国家海上威力》一书出版。该书提出了国家海上威力理论体系，并从海军的角度初步

---

① 《简氏舰船年鉴》，伦敦，1970 年，第 74 页。

② Г. Гостев，"Военно-Морской Флот в последние полвека，"《Морской сборник》，1999. 3，с. 21.

③ ［苏］С. Г. 戈尔什科夫：《国家海上威力》，房方译，海洋出版社，1985 年，第 317 页。

阐述了其海洋观的基本内容。

长期以来，海上力量通常指的只是海军力量，其主要作用是夺取制海权。戈尔什科夫赋予国家海上力量，即海上威力以更丰富的内涵。他认为，"国家海上威力就是合理结合起来的、开发海洋的手段和保卫国家利益的手段的总合"[①]。海上威力是一个体系，其"特征不仅仅在于其各个组成部分（海军、运输船队、捕鱼船队、科学考察船队等等）之间有着各种联系，而且它与环境（海洋）是一个不可分割的整体，并在与海洋的相互关系中反映出自身的完整性"[②]。海上威力的组成不再是单一的军事力量，还包括经济、科技、外交等力量；拥有制海权的目的不仅在于能自由地利用海上通道，更重要的是能利用海洋资源和海洋基地。虽然在国家海上威力中海军仍是重要的组成部分，但戈尔什科夫认为，仅有强大的海军，对国家正常经济和社会发展来说是远远不够的，还应制定实现世界大洋上国家利益的统一规划，并同时发展运输船队、捕鱼船队和科研船队等。因此，国家海上威力包括：国家研究海洋和开发海洋资源的能力，运输船队和捕鱼船队保障国家需求的能力，国家造船工业的造船能力，以及与保障国家利益相适应的海军实力。国家海上威力在一定程度上标志着一个国家的经济和军事实力，也标志着一个国家在世界舞台上的作用。

戈尔什科夫出版该书的目的有两个：一是对俄国海军特别是苏联时期的海军建设及运用进行全面总结，尤其是自己任海军司令以来海军是如何由一支近海防御力量发展成为远洋导弹核海军的。该书的出版时间（1976 年）正值其任海军司令 20 年，他认为有必要对海军发展建设的经验教训进行总结。二是在全苏联范围内树立正确的海洋观，形成海洋富国思想，并为海军的进一步发展制造舆论。尽管在俄国（苏联）发展历史上海军扮演着非常重要的角色，但根深蒂固的大陆思维或多或少影响了海军的发展。戈尔什科夫通过系统总结国内外所发生的历次战争的经验教训，强调了海洋、海战场和海军的重要作用，通过对比西

---

① ［苏］С. Г. 戈尔什科夫：《国家海上威力》，房方译，海洋出版社，1985 年，第 2 页。

② ［苏］С. Г. 戈尔什科夫：《国家海上威力》，房方译，海洋出版社，1985 年，第 2 页。

方各国海军的建设和运用,证明了苏联拥有一支强大海军的必要性。

在国家海上威力理论体系的指导下,20 世纪七八十年代,苏联的海洋发展事业进入鼎盛时期,海洋运输业、海洋渔业、海洋科学研究得到蓬勃发展。曾任苏联海运部部长的巴卡耶夫在解释苏联发展商船队的动机时说:"这并不是声望问题。这样可以使得我们的对外贸易取消对资本主义的政治和经济的依赖,增加贸易的功率。就是在革命前的俄国,尽管对外贸易的数量要小得多,也要每年付出 1.5 万亿卢布给外国船主。现在,我国由于商船队的贡献可以不必如此做了。"[1]到 80 年代,苏联拥有的远洋货船达到 1 700 多艘,总载重吨位超过 1 600 万吨,开通了遍及世界的 60 多条贸易航线,停靠 120 多个国家的港口。[2] 苏联在渔业资源的开发方面也位居世界前列,在世界各大洋都有其开发的渔场。商船队和捕捞船队在为国家带来巨大经济效益的同时,也展示了国家的经济实力,在一定程度上提升了其国际威望,同时,还为遍布世界各大洋的苏联海军舰艇提供了强有力的后勤支援保障。为了开展海洋科学研究,苏联制定了海洋综合研究计划,并建造了大量的科研船。与海洋事务相关的各个部门均拥有自己的科研船。苏联科学院海洋科学组织、海军、造船工业部、海运部、渔业部等共有科研船 293 艘,每年完成 76 个科研航次,取得了丰硕的海洋科学研究成果。如 1980 年出版了大西洋和太平洋北部的海水温度、盐度、密度、导电性、声速方面情况的 12 卷系列丛书,1981 年出版了世界海洋中间和表面海水地理图册,1985 年出版了太平洋海啸地理图册等。[3] 这些科研成果为国家的海洋发展做出了巨大的贡献。

---

① ［英］戴维・费尔霍尔:《苏联的海洋战略》,生活・读书・新知三联书店,1974 年,第 65 页。
② 杨金森:《海洋强国兴衰史略》,海洋出版社,2007 年,第 204 页。
③ И. Трякин, "Мировой океан и морская деятельность России,"《Морской сборник》,2011.9, с. 42.

2.3 俄罗斯依托海洋发展的经验教训

2.3.1 国家海洋均衡发展需要建立统一的国家调控体系

一个国家在世界大洋上的国家利益涉及各个领域:政治、经济、科学、军事等。协调好各个部门的相互关系和作用范围,是海洋大国在海洋发展过程中必须解决的问题。海洋发展的核心是长期利用世界大洋,要达成这一目标,就必须制定海洋发展战略,对各个海洋领域进行合理配置,加强对海洋活动的组织,使海洋资源和力量能最大限度地发挥效能。无论是俄国时期还是苏联时期,政府都意识到了这一问题的重要性,并采取了一定的措施,但直到 20 世纪 70 年代中期出台了国家海上威力理论体系,这一问题才初步得到解决。

19 世纪中叶,俄国的商船队日益壮大、大型股份公司的船舶数量日益增多、港口货运量急剧增长、沿岸基础设施亟待完善,这一切都要求尽快建立海洋业集中管控体系。为此,1856 年,俄国在海军部设立了一个商船队发展委员会,负责处理与海洋相关的所有事务。但不足的是,它所从事的活动与海军的发展没有产生交集,没有对国家的海上军事力量的发展产生积极的推动作用,经济与军事形成各自发展的局面。直到 20 世纪初,情况才有所好转。当时负责管控国家海洋发展的组织是商业航海委员会。该委员会在一定程度上对国家的海洋发展起到了积极有效的作用,如制定了发展国家航运、造船业和完善港口设备的诸多措施,并且加强了对海洋活动的控制。负责海洋活动的执行机构则是商业航海和港口总局,它是管控商船队的国家最高机关。1905 年,商业航海委员会主席由国家工商部部长领导,其成员包括财政部、内务部、军事部、海运部、司法部、交通部、农业和土地规划总局的代表,以及各沿海城市商界和汽船公司的代表。俄国海洋发展的这种组织结构一直持续到 1917 年。

苏联时期,在国民经济统一计划下,苏联实现了海洋活动的集约化,经济发展与国防能力被纳入统一的轨道上。特别是在 50—70 年代,与海洋活动相关的各个领域的物质技术基础得到不断完善,海洋领域人才济济,沿岸基础设施发展迅速,海洋活动几乎遍布世界大洋的各个海域。但苏联在海洋发展过程中还存在诸多问题,如从地理学、生物学、物理学、化学、生态学等方面对各种海洋资源首先是再生资源充分利用的角度看,对世界大洋的开发力度还不够;在世界大洋的资源和空间只有部分属于自己的情况下,对海上活动应遵守的国际法规没有很好地加以研究,国家也没有制定相应的有关海洋活动的法规;再就是国家海洋经济部门没有采取更加有效的措施来提高自己在国际市场上的竞争能力等等。

因此,尽管各种海洋经济得到大规模的发展,但苏联并没有对海洋发展建立起统一的、科学的国家调控体系,没有制定协调国家海洋活动的具有法律效力的政策规定,在开发利用海区和海洋资源时本位主义思想严重,不可避免地导致海洋事业各部门之间、各种海上活动之间、驻泊区域之间、基础设施所在地之间产生各种矛盾和冲突,或多或少影响到了国家海洋发展战略的有效施行。

2.3.2 海洋发展战略的施行必须有强大的海军力量作为支撑

长久以来,俄国人一直存在这样一种思想倾向,即由于受物质环境的制约,自己不可能像美国和英国那样自由而充分地享受海洋的馈赠,没有大洋和海湾作为自己的安全屏障,保障俄国安全的只有士兵。因此认为,只有强大的军事力量才能使俄国成为世界强国,应付出一切代价加强军事建设。强大的军事力量不仅是国家安全的坚强保证,更是获取财富的重要手段。

俄国(苏联)在海洋发展中所依靠的主要军事力量则是海军。海上军事力量对国家在世界上的作用地位产生两个方面的影响:一是国家海上军事力量的持续发展和完善能给国家带来巨大的利益;二是没有海上军事力量或丧失海上军事力量的国家同时也会失去在世界上的发言权,丧失对维护国家独立和保障安全的自信心。

二战前,国家海洋发展的模式主要是依托强大的海上军事力量打败竞争对手,利用海洋谋求国家利益。因此,建设强大海军是实现战争模式下海洋发展的核心要素。俄国早期的海洋发展也是按照该模式进行的。俄国依靠强大的海军得到出海口,也因海军的衰败而失去海洋上的既得利益。

彼得一世第一次争夺出海口的亚速远征行动之所以失败,就是因为缺乏正规海军的支持。战败的第二年(1696 年),他建立了一支正规海军,并依靠这支力量取得了俄国历史上夺取出海口的第一场胜利。这两次亚速远征在俄国海军史上具有非常重要的意义。可以说,第一次远征的失败是俄国创建正规海军的起因;而第二次远征的胜利是俄国成为海上强国的起点。彼得一世从不掩饰自己对海军的偏爱。他在 1720 年颁布的《海军条令》的前言中写道:"凡是仅有陆军的统治者,只能算有一只手,惟有同时兼有海军者才算双手俱全。"①他还亲自设计了俄国的海军旗,并在条令中规定,"所有俄国舰艇在任何人面前不应降下海军旗"。这个条令的基本内容在俄海军中一直沿用到克里米亚战争时期。在其统治期间,俄国建立了本国的造船工业,建设了完备的驻泊配系,海军拥有 3个舰队:波罗的海舰队、亚速海舰队和里海舰队。彼得一世去世后,俄国海军逐渐出现衰落和瓦解的征兆。由于造船工业日益萎缩,陈旧不堪的军舰无法及时更新。在 1735—1739 年与土耳其的战争中,俄军因缺乏强大舰队从海上的支援,被迫放弃了克里米亚等地。根据与土耳其的和约,俄国不得在亚速海和黑海拥有舰队,不得用本国船只进行海上贸易。

叶卡捷琳娜二世在位期间(1762—1796 年)对发展海军极为重视。虽然她不像彼得一世那样对海军建设和装备等方面非常在行,但她十分了解海军在国家政治中的地位,而且无论是在和平时期的外交行动中还是在战争期间,她都能有效地利用这支海上力量。在其统治期间,俄国彻底控制了亚速海和亚速海通往黑海的出海口。1783 年 6 月,俄国在此开始建黑海舰队的主基地——塞瓦斯托波尔,并将俄国在南方的海上力量正式命名为黑海舰队。到 1787 年 5 月,黑

---

① 〔苏〕С. Г. 戈尔什科夫:《国家海上威力》,房方译,海洋出版社,1985 年,第 5 页。

海舰队已拥有 46 艘船，其中 3 艘战列舰、12 艘巡航舰、3 艘炮舰、28 艘其他舰艇。[①] 当时的海军力量除了用于作战行动外，还能运用于非直接军事行动中。如北美独立战争期间（1775—1783 年），俄国派出了一支由 4 艘战列舰和 4 艘护卫舰组成的分舰队为自己的商船提供保护，阻止了私掠船对俄国商船的攻击行动。1779 年，西班牙舰艇拦截了俄国的两艘商船，理由是它们进入了被英国控制的直布罗陀海域。这使俄国忍无可忍。1780 年 2 月 28 日，叶卡捷琳娜二世签署了《武装中立宣言》，向交战国（英国、法国和西班牙）宣布，为了保卫自己的贸易，俄国将采取坚决的武力措施。《宣言》称，中立舰艇可从一个港口驶向另一港口，以及在交战国沿岸自由航行；除了军事物资和武器这些禁运物品外，中立国船只上为交战双方运送的物品应得到保全。[②] 许多国家都签署了该《宣言》。俄波罗的海舰队的舰艇为此专门组成了 3 个分舰队，分别在地中海、北海、大西洋（从直布罗陀至拉芒什一线）巡逻。分舰队的任务是保卫俄国商船免遭军舰的袭击。巡逻行动一直持续到 1783 年，即英、法、西战争结束。俄国分舰队不仅保证了本国商业航运的安全，也保障了其他国家商业航运的安全。

苏联成立之初，国家领导人认为，帝国主义国家之所以能够对其进行粗暴的武装干涉，就是由于苏联海军在波罗的海、黑海和太平洋的舰队实力薄弱，无力掌握制海权，其得以通过海上封锁断绝苏联与外部世界的联系。但是，苏联国内就国家到底需要一支什么规模的海军，海军在保障国家安全、国家利益时的作用和地位等问题上一直存在争议。苏联海军在争议声中经历了从无到有、从有到强、从强到衰的发展过程。

二战后，苏联通过加强海军力量的建设及其向世界各大洋的渗透，占据了世界海洋各交通要道和枢纽，为国家的海洋经济发展奠定了基础。60 年代中期，苏联迅速增强的国家经济、生产实力和取得的科技成果为建设一支能与美国在世界大洋上抗衡的远洋核海军提供了有力的保障。1965 年底，政府发布命令建

---

① ［苏］Н. Ф. 佐特金等：《红旗黑海舰队》，海军政治部联络部，1980 年，第 10 页。

② В. А. Доценко，《Военно-морская стратегия России》，Москва，ЭКСМО，2005，c. 32.

设远洋导弹核海军。为了实现庞大的海军建设计划,政府需要一个专门的指挥机构与航空、造船等国防工业部门进行协调。为此,1968 年,成立了主管军事工业的苏联部长会议委员会,统管航空、造船等国防工业部门,上百个企业都联合起来由其统一领导。所有造船厂分两班工作,开始大量建造各型水面舰艇、潜艇、辅助船、远洋侦察舰、水文测量船、远洋拖船和救生船等。造船企业每年为海军所造舰船总吨位达到 30 万吨;民用船总吨位也达 30 万吨。[①] 苏联在各个海洋领域对西方发起了挑战,其战略影响力也逐渐增大。海军除了在传统近海海域活动外,还定期在地中海、加勒比海、印度洋进行巡逻,并进行战斗执勤。战斗执勤并不是一种纯军事活动,它是和平时期苏联海军特有的使用样式,是指"为保障国家及其世界大洋的利益、为在战争开始后完成海军主要任务创造有利条件而在海战区采取的各种措施和行动的总和"[②]。随着新型水面舰艇和新型潜艇的入列,舰艇开始进入世界大洋具有重要战略意义的海域活动,海外基地不断增多。

进入 70 年代,两个超级大国间的政治、军事斗争日趋激烈,苏联开始推行全球进攻性的军事战略。海军舰艇的航迹遍布世界各大洋,海军积极插手地区冲突,显示力量。1976 年,执行战斗勤务的有 38 艘弹道导弹潜艇,30 艘多用途核潜艇,60 艘常规潜艇和 111 艘水面舰艇。80 年代中期,有 150 多艘战斗舰艇和保障船在世界大洋重要的作战海域执行战斗勤务,航空兵进行了 4 000 多架次对敌潜艇的侦察和搜索行动。[③] 海军战斗执勤兵力覆盖了世界大洋约 80% 的海域,在海外有 20 多个海军基地的使用权。苏联借助海洋使自己强大的海上力量走向世界,并依靠海军把苏联遍布于欧亚大陆和非洲广大地区的关系网联系起来,日益确立起自己世界霸主的地位,在与美国进行全球争霸的同时,也有效维护了国家的海洋利益。

---

① Ю. Михайлов, "Как создался советский океанский флот," 《Морской сборник》, 2009. 7, с. 20.

② 刘卓明主编:《俄、英、日海军战略发展史》,海潮出版社,2010 年,第 113 页。

③ В. А. Доценко,《Военно-морская стратегия России》, Москва, ЭКСМО, 2005, с. 346.

2.3.3 过度的海洋扩张影响国家综合实力的提升

从俄国（苏联）数百年发展历程可以看出，海洋扩张既是其不得已的选择，也是促使其崛起的一个因素；但从长远的角度看，其对海洋过度的追求又构成了其走向衰落的根源之一。

俄国为了争夺出海口进行了几个世纪的战争，而战争需要投入大量的人力、物力才能得以进行。对于当时落后贫穷、工业水平低下的俄国来说，要发动战争并赢得战争需要付出巨大的代价。在许多历史时期，俄国的综合国力往往难以支持其进行长期的扩张战争。1890 年，俄国政府给陆军的拨款高达 12 300 万美元，加上海军拨款，俄国政府的防务总开支达 14 500 万美元。这个数额与德国相当，与英国接近，而当时俄国的经济发展水平远远落后于英法德等国，仅相当于英国的 15%，德国的 29%。过度的军费开支严重影响了俄国的整个国民经济，降低了人民的生活水平，激化了国内的各种矛盾。

苏联时期，这种矛盾更加突出。与俄国时期不同的是，苏联除了谋求国家利益外，更重要的是要谋求阶级利益。十月革命胜利后的 20 年时间里，苏联经历了国内战争、经济恢复、两个五年计划，基本上实现了工业化。当时被资本主义世界包围的苏联，承受着来自外部的巨大威胁和压力，为此，斯大林动员一切人力、物力、财力投入重工业建设。由于过于强调重工业的重要性，忽视轻工业的发展，苏联国民经济结构严重失调，影响了国家的全面现代化发展。另外，作为社会主义阵营中的老大哥，它肩负着与西方资本主义势力对抗的重任。因此，其海洋扩张的政治意义远远大于经济意义。

从 20 世纪 50 年代起，为了扩大社会主义阵营，苏联开始对第三世界国家不断地进行经济援助、政治介入、军事渗透，这也成为其对外扩张政策的主要运行模式。苏联向海洋扩张的最初目的是为了打破美国及北约对欧亚大陆的包围态势，但后期则成为苏联对外扩张的主要方式。苏联以大量的经济和军事援助为代价，在亚非拉一些国家获得港口的使用权和扩建海军基地，其投入的大量资金和军事项目并不能获得应有的回报。有些国家是在接受了苏联大量经费后才与其缔结友好条约,但之后往往又被西方的资本、科学技术所吸引,逐渐出现脱离苏联的倾向。虽然有些国家仍是苏联的盟国,但苏联需为其提供大量的军事和经济援助。例如,苏联给古巴提供的经济和军事援助每年高达 45 亿美元,除了向它提供所需的全部石油和石油制品外,还要以相当于国际市场 5 倍的价格进口古巴的砂糖。① 越南是苏联在东南亚的重要战略据点,但苏联为此提供的经济、军事援助据估计每年为 9～11 亿美元。②

苏联的全球扩张政策离不开强大军力的支持,而庞大的军费开支往往超出了苏联经济的承受能力,经济发展与军事实力呈反方向发展。20 世纪 70 年代,在苏联的国民生产总值大致是美国的一半稍多的情况下,其实际军费开支已接近甚至超过美国。美国的军费开支占国民生产总值的 5％～7％,而苏联却占 16％。在这一时期的国内经济发展中,苏联将 85％以上的工业投资用于发展重工业,尤其是军事工业,军费也在逐年增加,1981 年达到近 2 000 亿美元,占全国财政支出的三分之一。

为了与美国争霸的需要,苏联对海军建设采取的是跨越式发展模式。如二战刚结束的 1945 年,苏联还没有从战争的破坏中恢复过来,海军总司令部就提出了庞大的十年造舰计划。同年 11 月,苏联人民委员会批准的造舰计划比其提出的稍有减少,但仍十分可观,包括 4 艘战列舰、10 艘重巡洋舰、30 艘巡洋舰、54 艘轻型巡洋舰、6 艘舰队航空母舰、6 艘小型航空母舰、132 艘大型驱逐舰、226 艘驱逐舰、472 艘潜艇及其他类型的船只。这一造舰计划严重脱离了当时苏联的经济能力,"从生产和经济的观点来看,这些建议在当时是不切实际的,因为工业的潜力被高估了 50％～100％"③。之后,苏美之间的海上军备竞赛愈演愈烈。70 年代起,苏联的弹道导弹潜艇的数量和海基核弹头数量开始超过美国的;到

---

① 三好修:《苏联的世界战略》,世界知识出版社,1982 年,第 251 页。
② 三好修:《苏联的世界战略》,世界知识出版社,1982 年,第 251 页。
③ 〔俄〕伊·马·卡皮塔涅茨:《"冷战"和未来战争中的世界海洋争夺战》,岳书璠等译,东方出版社,2004 年,第 118 页。

1986 年,苏联已拥有弹道导弹潜艇 61 艘(923 枚弹道导弹),而美国只拥有 38 艘
(672 枚弹道导弹)。苏联的水下核力量已远远超过了美国的。在此期间,苏联
还接收了包括航母和核动力重型巡洋舰在内的 131 艘远洋大型水面作战舰艇。
如此强大的海上军事力量虽然为苏联与美国争夺世界海洋控制权创造了条件,
但为此付出的代价也是巨大的。据不完全统计,1961—1985 年的 25 年间,苏联
的军费支出估计达到 40 000 亿美元。① 即使拥有了强大的海军力量,苏联也很
清醒地认识到,在战争一开始,其潜艇、导弹巡洋舰、航母等很难进入大洋。这是
因为封闭或半封闭海域的特点可能会使苏联的军事力量被敌方的舰艇和飞机封
锁在港内,另外,其自身海岸的特点也起到了限制作用。因此,苏联海军采用的
解决方法是组织由潜艇和巡洋舰组成的强大突击群在世界大洋上进行固定值
班。这种值班对国家经济而言是一个沉重的负担。为了远洋舰队的发展,许多
非军事工业衰退,国民经济趋于崩溃,社会退步。庞大的军费开支超出了国家的
经济实力,成为苏联最终走向解体的一个重要诱因。

2.4　俄罗斯现代海洋观形成的动因

俄罗斯作为一个传统的陆地大国,对海洋的诉求不是很强烈。长期以来,海
洋对其而言更多的只是一个媒介,俄罗斯并没有真正认识到海洋自身的价值。
虽然戈尔什科夫在其《国家海上威力》一书中强调了海洋对国家所起的重要作
用,但其主要目的是想证明海军在这一过程中的重要性。苏联解体后,由于北约
不断东扩,俄罗斯的陆上生存和发展空间受到挤压,其长期以来依仗辽阔的陆地
所形成的国家安全观和发展观受到冲击。特别是进入 21 世纪以来,海洋在人类
生活中的作用、地位日益突出,使俄罗斯对海洋有了新的认识。随着《2020 年前
俄联邦海洋学说》、《2020 年前后俄联邦在北极地区的国家政策基础》、《2030 年

---

① 　杨育才:《欧亚双头鹰:俄罗斯军事战略发展与现状》,解放军出版社,2002 年,第 63 页。

前俄联邦海洋活动发展战略》等政策性文件的陆续出台,俄罗斯的海洋发展战略
更加清晰,也标志着俄罗斯现代海洋观的逐步形成。

2.4.1 海洋发展环境的变化

苏联解体后,俄罗斯依然是世界强国之一,在国际舞台上仍保持着重要的政
治和经济地位。尽管俄罗斯拥有辽阔的领土、大量的战略资源储备、发达的科技
及完善的交通网络,但苏联的解体使其海洋发展面临着诸多不利的条件。

在海洋地理条件方面,俄罗斯退回到 17 世纪的边界内。俄国通过几百年战
争努力获得的通向波罗的海和黑海的空间走廊被压缩,大大改变了其在世界海
洋活动领域内力量的地缘政治配置。世界上没有一个海上强国像俄罗斯这样面
对如此复杂的海洋地理条件:有 5 个相互隔离的海域,而且每个海域都存在许多
难题。波罗的海出海口是俄罗斯来往于西欧国家的最短、最经济的航线,由于波
罗的海三国的独立,如今加里宁格勒已经变成了俄罗斯的一块"飞地"。加里宁
格勒位于俄罗斯和欧洲贸易的中间地区,是俄罗斯重要的贸易中转站,也是俄罗
斯面向波罗的海的唯一不冻港。现如今,俄罗斯从该方向通过海运向西方国家
的货物运输,要么从别的国家过境才能到达加里宁格勒州,要么直接经由波罗的
海三国出海。在黑海,俄罗斯一度只占其中十分之一的海岸线,而且缺乏优良的
深水港,约有 50% 的沿岸港口基础设施转为其他国家所有,这不仅限制了俄罗
斯海军的驻泊条件,也使俄罗斯的运输能力急剧下降,对俄罗斯的海洋经济造成
了极大冲击。2014 年克里米亚举行公投,有 96.6% 的人同意加入俄罗斯。3 月
18 日普京总统宣布,克里米亚成为俄罗斯的一部分。这极大改善了俄罗斯在黑
海地区的战略态势和海洋发展环境。

俄罗斯的海洋经济和海洋工业实力已不能同苏联时期相比。主要原因是生
产能力萎缩,原有的以俄罗斯为核心的统一经济空间消失,海洋经济潜力急剧下
降,造船工业也因苏联的解体而受到极大影响。苏联时期,民用造船工业的发展
本来就弱于军事造船业,而且主要由乌克兰、波兰、东德、芬兰及其他国家的造船

厂负责民用船只的建造,再加上负责建造大型船舶的黑海造船厂已归属于乌克兰,使得本已非常薄弱的俄罗斯民用造船工业陷入了更加困难的境地。现在大部分造船任务由传统的舰艇建造企业承担。从 20 世纪 90 年代起,俄罗斯开始减少对造船业的拨款,减少了国防科研、设计及实验的资金,致使造船工艺落后,设计陈旧,造价也比国外高出 6%～8%,①使得造船工业在国际市场上没有竞争力。整个 90 年代,俄罗斯船舶建造量减少了 4～5 倍,大大制约了国家海洋发展水平。地缘经济环境的改变,不可避免地影响到俄罗斯海洋发展战略的任务和内容。

在海军实力方面,过去俄罗斯在海洋发展过程中所依托的这支军事力量也因苏联的解体和国家经济的衰退而受到极大的削弱。苏联解体后,俄罗斯继承了苏联海军80%的力量,并在此基础上于 1992 年 7 月 26 日正式组建了俄罗斯海军,仍保持苏联时期的编制结构,辖有四大舰队和一个区舰队,即北方舰队、太平洋舰队、波罗的海舰队、黑海舰队和里海区舰队。其中,实力最强、地理条件最好的是北方舰队,次为太平洋舰队。相对来说,这两支舰队受苏联解体的冲击最小,作战地幅也没有发生变化。北方舰队位于俄罗斯的北极地区,这里集中了其海军全部兵力的 35%,主要任务是控制巴伦支海、挪威海和北冰洋。太平洋舰队是仅次于北方舰队的第二大舰队,主要任务是控制日本海、鄂霍次克海及太平洋的广大海域,主要兵力部署在南起海参崴、北至普罗维杰尼亚长达数千公里的沿海地区和邻近岛屿上。舰队的作战地幅从非洲东海岸至美洲西海岸,覆盖世界大洋 50% 以上的水域,是保障俄罗斯在亚太地区国家利益和国家安全的主要工具。波罗的海舰队是人员及舰艇数量最少、实力最弱的一支舰队。其主要任务是控制波罗的海,遏制北约东扩,防止俄罗斯西部的战略生存空间被挤压,是西北战略方向上对抗西方的缓冲地带。但该舰队位于波罗的海东岸的立陶宛与波兰之间的加里宁格勒州,距离俄罗斯本土 600 公里,从陆地对其进行保障支援的通道被封死,因而影响到该舰队的未来发展。俄罗斯的四大舰队中,变化最大

---

① ［俄］P. M 哈桑诺夫:《俄罗斯造船工业及海军的发展》,《军事思想》2011 年第 2 期,第 13 页。

的是黑海舰队。苏联解体后,原黑海舰队的主基地塞瓦斯托波尔归乌克兰所有。但黑海是暖海之一,并且黑海舰队的防区是四大舰队的联系纽带,俄罗斯自然不肯放弃这片海域。1997年5月28日,俄罗斯与乌克兰就黑海舰队驻地问题达成协议,俄海军租用乌克兰的塞瓦斯托波尔为其黑海舰队的主基地,为期20年,20年的租金共25亿美元。2010年4月,俄乌两国总统又签署了一项协议,延长俄黑海舰队的驻扎时间,即从2017年后再延长25年。虽然黑海舰队的主要任务仍然是控制黑海和土耳其海峡,扼守地中海,但因舰队租用乌克兰的海军基地,必须接受乌克兰方面提出的许多苛刻条件,如该舰队不能随意增强实力,对舰艇的更新换代也有明确的规定,即淘汰一艘旧舰艇,最多只能补充一艘同级别的新舰艇,绝对不允许淘汰一艘三类舰艇而补充一艘一类舰艇。这一切限制了该舰队的部署行动和舰艇的更新换代,使得其生存空间和发展空间十分有限。这种状况直至2014年才得到改善。海军实力的下降,使国家的海洋安全面临威胁,国家海洋利益得不到维护,进而影响到国家海洋发展战略的施行。

2.4.2　海洋安全威胁的增大

冷战结束后,俄罗斯放弃了在世界范围内与美国的军事争斗,国际局势趋于缓和。叶利钦时期,俄罗斯对于安全威胁的判断是:俄罗斯面临的国内威胁大于国际威胁。到了2000年,俄罗斯国家安全构想和军事学说则认为,国家安全面临内外诸多挑战,其中外部威胁尤其是军事威胁在不断增大。2009年出台的《2020年前俄联邦国家安全战略》在对安全威胁的判断上,仍将传统安全放在最重要的位置。第一位依然是威胁国家领土主权完整及军事安全的传统安全问题,同时加强了对社会经济等非传统安全问题的重视。俄罗斯认为,虽然在一段时期内爆发大规模的对俄军事行动的可能性不大,但来自海洋方向的对俄军事安全和国家利益的现实威胁依然存在,并且有不断增大的趋势,因为按照国内和西方一些专家的观点,海洋在21世纪将成为经济发展的重要源头,海洋经济活动完全有可能导致真正意义上的全球冲突。

对俄罗斯而言,导致军事政治形势可能恶化的主要原因和军事危险的根源是:经济发达国家和集团之间围绕保障能源安全,以及为控制自然资源丰富的地区,包括开采规模与运输航线,而展开的竞争日益激烈;主要国家海军兵力集团战斗能力不断增强,兵力对比正朝着不利于俄罗斯的方向发展;主要国家(包括非北极国家)竭力增加在北极地区的军事存在;在有关北极地区、里海、亚速海和黑海的地位问题上存在分歧;海盗和恐怖活动日益猖獗,毒品、武器、导弹技术和大规模杀伤性武器不断扩散;非法开采俄海洋自然资源的规模不断增大,影响俄海洋活动的外来因素日益增多等等。

苏联的解体,改变了俄罗斯海洋活动的战略空间,海上现实存在的军事力量威胁着海上交通线,而俄罗斯的经济发展依赖于海上交通线的安全。俄罗斯的四个濒海地区不仅相互隔离,而且主要出海口大多被他国包围,或者海上主要航线必须经过他国海域、海湾和海峡。如由巴伦支海进入大西洋必须经过挪威、英国、荷兰、比利时、法国等国沿岸;波罗的海的主要出海口圣彼得堡被芬兰、爱沙尼亚包围,飞地加里宁格勒被立陶宛和波兰包围,波罗的海的海上运输必须经过丹麦诸海峡和北海的设得兰、法罗群岛才能进入大洋;黑海的形势也不容乐观,海岸线由乌克兰、格鲁吉亚、土耳其环绕,黑海海上航运进入大洋必须首先经过由土耳其控制的博斯普鲁斯海峡和达达尼尔海峡,到大西洋还必须经过由西班牙控制的直布罗陀海峡,到印度洋必须经过由埃及控制的苏伊士运河;太平洋的主要出海口符拉迪沃斯托克(海参崴)被日本列岛和朝鲜半岛包围,进入太平洋必须经过日本的宗谷海峡、津轻海峡和对马海峡。可以说,俄罗斯所有方向的出海口都由敌对的或不友好的国家把持。因此,保障海上交通线的安全是俄罗斯海洋发展战略中必须考虑的问题。

和平时期,各国经济活动的范围显著拓宽,海洋水域得到最大限度的开发,这必然导致在划分毗连海域甚至洋底时会出现各种矛盾和争端。俄罗斯认为,对沿海国管辖范围外的海底的划界问题存有争议,在专属经济区及大陆架的划界问题上许多国家还未达成协议,许多国家对波罗的海、黑海、鄂霍次克海及其他海域的岛屿和自然形成的陆地提出的要求还未明确等,这些都对俄罗斯的海洋利益构成了挑战。此外,俄罗斯周边海域也存在种种不利因素,如阻止俄罗斯参与开发和利用世界大洋资源的商业项目;外国船只在俄罗斯专属经济区非法捕捞海产品;因提高海产品捕捞量而破坏俄罗斯专属经济区生物系统的自然平衡;关于里海、亚速海、黑海舰队的法律地位及其他一系列复杂的国际法律问题悬而未决等。这些因素严重阻碍了俄罗斯的海洋发展。

除了海洋经济面临各种威胁外,来自海洋方向的军事威胁也在增大。西方大国几十年前建立的军事同盟和设在世界各地的军事基地仍然存在。俄海军认为,虽然一些大国的海军战斗编成缩减了 $12\%\sim15\%$,实际战斗能力却提高了 $40\%\sim50\%$;[①]在针对俄罗斯的军事行动中,敌必将使用高精度武器,这些武器一半以上都部署在海上。从海上实施打击的空袭兵力,如海军航空兵、海基和空基巡航导弹,几乎可对俄濒海领土的全纵深实施打击。由于俄罗斯外部边界的变化,原先的内地变成了边境地带,许多非常重要的工业和行政中心、燃料能源和战略原料储备地区、重要的武器生产中心都处在敌打击范围内。

俄政府在提交给总统的有关综合判断国家海上活动领域安全状况的年度报告中指出,传统的煤矿资源的枯竭、对大陆架资源拥有权的激烈斗争、国际法问题的不规范、与邻国的领土争端、海洋经济和军事政治意义的增强,这些都从海洋方向对俄罗斯的国家安全构成了现实的威胁。

2.4.3 海洋战略地位的提升

俄罗斯濒临三大洋,有着漫长的海岸线,其所处的自然地理位置决定了世界大洋对其具有重要的意义。2001 年俄罗斯颁布了《2020 年前俄联邦海洋学说》,针对海洋地位的日益提升,系统阐述了俄国家海洋政策的实质和内容;明确了俄海洋活动的五个重要方向——大西洋、北极、太平洋、里海和印度洋方向[②];根据

---

① В. А. Доценко,《Военно-морская стратегия России》,Москва,ЭКСМО,2005,с. 480.

② В. А. Доценко,《Военно-морская стратегия России》,Москва,ЭКСМО,2005,с. 534.

各个方向上不同的地理和环境特点,制定了不同的国家海洋政策;强调了北极地区的重要性,以及俄罗斯为保护该方向上的国家利益将要采取的措施。

大西洋方向上的特点是北约集团正在对俄罗斯施加经济、政治和军事压力,北约东扩步伐加快,以及俄联邦自身海洋活动能力下降。为此,在该方向的国家政策是保持与波罗的海沿岸国家稳定的经济合作,共同利用海洋自然资源;解决与邻国海洋空间和大陆架的划界问题;保障加里宁格勒州的经济和军事安全;改造和发展黑海及亚速海沿岸港口的基础设施;保持地中海的军事政治稳定;发展和扩大该方向上的渔业、海运、科研和海洋环境监控的范围。

太平洋方向对俄罗斯的意义重大。这里的专属经济区和大陆架有丰富的资源,同时,该地区人口稀少,与国家的政治和经济中心相距遥远。因此,在该方向上的国家政策是加快地区的经济发展,加强探测和开发在俄专属经济区和大陆架上的生物资源和矿产原料;发展该地区特别是萨哈林和千岛群岛地区的沿岸港口基础设施和船队;加强与亚太国家在保障海上航行安全、打击海盗和毒品交易及走私、抢险救生等方面的合作等。

里海连接着欧洲、亚洲和近东,是最重要的地缘政治中心,这里还蕴藏着丰富的油气资源和生物资源。里海沿岸五国从各自的经济利益出发,围绕以石油、天然气为主的资源的争夺日益激烈,而且美国通过与里海周边国家合作开发油气资源,积极插手里海地区事务,对俄罗斯构成了现实的威胁。这里还是地区冲突和国际恐怖主义活动的危险地区。因此,俄罗斯在该地区的国家政策是确保对俄有利的国际法律制度的执行,开发利用鱼类、石油和天然气资源,巩固俄船队在国际海运市场上的地位,发展现有的港口等。

印度洋方向的国家海洋政策是扩大运输船队和渔业捕捞船队的规模,与其他国家共同行动,打击海盗;在南极洲进行科学研究;保障俄海军在印度洋的定期存在。

北极方向是俄罗斯自由进出大西洋的重要方向,这里有俄罗斯的专属经济区和大陆架,以及与东部相连的重要海上通道。在俄罗斯五个重点关注的方向中,北极被排在第二位。在北极方向上的国家海洋政策是:研究和开发北极,并保护俄罗斯在北极地区的利益;建造用于海运的破冰船,建造专业捕鱼和科研船只;保障俄罗斯在北部海上通道的国家利益;在与北极地区沿岸国家划定北冰洋海洋空间和海底界线时维护俄罗斯的利益;发展北极地区的航运等。20 世纪 90 年代前,北极空中航线是俄罗斯的国内航线,不对外开放,1991 年起该航线对国际社会开放。俄海军认为,无论是从保卫俄罗斯主权还是从在俄罗斯专属经济区和大陆架开采生物资源、矿产资源这一国家利益的角度,这一举动都给俄罗斯在北极的安全带来了现实的威胁。① 梅德韦杰夫曾经指出,"该地区对于我们国家具有战略意义。它的发展关系到解决国家长远发展的任务以及在全球市场的竞争力"。为此,俄罗斯还组建了一支北极独立部队,以维护其在北极地区的利益和保持在该地区的优势。俄罗斯的一系列举动,引发了许多国家都参与到对北极地区的激烈竞争中。

2.5 俄罗斯现代海洋观的主要内容

苏联解体后,俄罗斯海洋战略呈现出明显的收缩态势。随着政治的稳定、经济的复苏,从 21 世纪开始,也就是从普京执政开始,俄罗斯开始实行有规划的国家海洋发展战略。2001 年 6 月,俄罗斯颁布了《2020 年前俄联邦海洋学说》,2010 年又通过了《2030 年前俄联邦海洋活动发展战略》。俄罗斯有了国家层面的长期而系统的海洋发展政策,阐明了开发利用世界大洋与俄罗斯的国家安全及持续的经济和社会发展的关系,为俄罗斯的海洋复兴之路指明了方向。

2.5.1 以提升海洋综合实力为目标的海洋大国观

苏联解体对俄罗斯海洋潜力及其经济和军事力量产生了极大的负面影响,

---

① С. Козменко С. Ковалев, "Морская политика России в Арктике и система национальной безопасности," 《Морской сборник》, 2009. 8.

使其海洋大国的地位一度受到撼动。首当其冲的是运输船队、渔业船队、海军和科研船队，还有海洋科学、各生产部门、驻泊体系和运输终端，以及科研和设计人员、工程师、技术员及技术娴熟的水手。为了恢复俄罗斯海洋大国的地位，1997年，俄罗斯加入了《联合国海洋法公约》，1998年批准了俄联邦"世界大洋"目标规划。普京执政后，为实现和维护俄罗斯在世界大洋上的国家利益，采取了一系列切实有效的步骤，出台了一系列有关法规文件。2001年6月，俄罗斯颁布了《2020年前俄联邦海洋学说》，其中明确指出："世界大洋空间和资源的开发利用，是第三个千年世界文明发展的主要方向之一。"俄罗斯是一个拥有三个大洋出海口和漫长海岸线的海洋大国，因此，"无论从空间和地理特点来看，还是从在国际和地区中的地位和作用来看，俄罗斯始终是世界海洋强国"。这表明俄罗斯开始有计划地实行其以保持海洋大国地位为目标的海洋战略。

《2020年前俄联邦海洋学说》是有关俄罗斯在世界大洋及毗邻水域（包括淡水水域）活动的目的、任务、发展特点，以及根据国家经济能力、舰船建造能力、现行的国际法和国家利益而实施海洋学说的方式等有科学依据的观点的总和。其具体内容包括四个方面：一是扩大海洋运输，主要是使海洋运输船队及沿岸的港口设施能确保国家的经济独立和国家安全，减少运费，增大对外和过境运输量；二是大力推进海洋资源的开发利用，包括发展海洋渔业及海洋矿物和能源资源的开发利用；三是积极开展海洋科研活动，包括保持和发展俄罗斯远洋船队建设以及研究海洋环境、资源和空间的科学体系等；四是发挥海军在国家海洋发展中的重要作用，包括阻止对俄罗斯使用武力或以武力相威胁的行为，捍卫俄罗斯领水、领海、专属经济区和大陆架的主权以及公海的自由，保障俄罗斯在世界大洋上的海洋经济活动的安全及海军的存在等。俄罗斯表示，俄罗斯海洋政策的目标是巩固其世界海洋大国的地位，大西洋、太平洋、北冰洋、印度洋都是其国家海洋战略的经略范围，充分彰显了其日趋增强的海洋大国的意识。

为确保该学说的贯彻落实，2001年9月，俄罗斯成立了政府海洋委员会。其任务是协调联邦各权力执行机构、俄联邦各主体权力执行机构及相关组织的活动，以及根据相关的国家政策和国际性规定，制定国家海洋政策的目标和任务以及俄联邦海洋活动的发展规划。过去,俄罗斯海洋活动的管理职能由不同的部门负责,没有一个权力执行机构统管海洋潜力的平衡发展及实施一体化的国家海洋政策,没有一个机关能够全权负责对海洋活动的综合监控和分析研究,甚至没有一个机构来协调联邦执行权力机构、联邦主体执行权力机构的海洋活动。正是在这种情况下,政府海洋委员会应运而生。除政府海洋委员会外,俄罗斯还组建了联邦和地区级的协调和磋商机构,如由州长和其他相关负责人领导的国家海洋政策联邦委员会、滨海自治州和各联邦区的海洋活动委员会等。这些委员会在运行过程中积累了许多经验,对推动俄罗斯海洋经济的发展发挥了重要的作用。2005—2008 年,俄罗斯又成立了一系列涉及海洋活动问题的政府委员会。这些委员会是相互独立的,分别负责协调各执行权力机构和组织的海洋活动。这些委员会包括:渔业发展问题的委员会、保障俄罗斯在斯匹次卑尔根群岛存在的委员会、军事工业委员会、交通和通信委员会、燃料能源和矿物原料再生问题委员会、保障造船企业一体化委员会。为发展国家的造船业,2008 年,俄罗斯成立了造船联合会,它包括 41 个企业(其中有国防部的 12 个修船厂),并与 2 000 多个国防工业集团相关部门的企业相互动。该联合会中还有 56 个科研设计与实验组织,它们构成了造船工业的科技实力基础。俄罗斯现共有船舶和舰艇制造企业 21 个,海军仪器制造企业 22 个,船舶机电制造企业 13 个。[①] 俄罗斯政府还打算增加船舶进口的关税,以支持国家的造船工业。俄罗斯认为,造船工业应是海洋活动中重点关注的行业。因为没有船只,就不可能进行海上贸易运输、获取渔业资源、开发大陆架以及开展海洋科研,而海军也无法走向远洋,进而使得国家的安全利益和经济利益不受损害。只有具备了一定规模的各种专业船队,国家的海洋政策才能得以贯彻实施,各种海洋活动才能得到有效的开展。

为了进一步提高俄罗斯海洋活动的有效性、保障俄罗斯在公海的利益、保障专业船队的均衡发展,2010 年 12 月,俄联邦政府第 2205 - P 号令批准执行由俄罗斯科学院联合其他相关机构共同制定的《2030 年前俄联邦海洋活动发展战

---

① [俄]P. M. 哈桑诺夫:《俄罗斯造船工业及海军的发展》,《军事思想》2011 年第 2 期。

略》。该战略文件的正式出台,标志着俄联邦的海洋开发、利用和发展进入了十分重要的阶段。俄联邦总统在海洋学说中公布的国家海洋政策以及政府批准的海洋活动发展战略同时进行,这在俄罗斯历史上还是第一次。它有助于俄罗斯提升国家安全水平,改善国家社会经济状况,保护俄罗斯海洋传统和遗产,并使武装力量、国家安全部门、运输系统,以及粮食、能源、原料综合体能更有效地发挥各自的职能。该战略要求把国家权力机关、地方自治机关、实业界、科学团体和社会组织的人力、物力集中到解决海洋活动发展的主要问题上来。此外,俄罗斯还相继出台了一系列与开展海洋活动相关的联邦发展计划,包括《俄罗斯运输体系发展(2010—2015 年)》、《运输服务出口发展》、《2009—2016 年民用海洋技术发展》、《2009—2014 年提高渔业综合体资源潜力发展和利用的有效性》等。从俄罗斯所制定的政策文件可以看出,俄罗斯的海洋战略的目标非常明确,就是通过一系列经济、军事举措,恢复并保持其世界海洋大国的地位。

2.5.2　以开发北极地区为重点的海洋资源观

海洋因其蕴藏着巨大的能源、原料和食品资源而成为世界各国争夺的主战场。随着全球气候的变暖,以及全球军事、经济力量向亚太地区转移,有着大量未开发的自然资源储备和交通潜力的北极成为世界大国地缘政治和地缘经济利益的重点冲突地区。

根据科研、地质、地球物理研究及勘探的结果,已查明的俄罗斯北极大陆架的产油量将达 900 亿吨。虽然如此大的油气资源属于整个北极大陆架,但预计其主要产地集中在西北部,即巴伦支海、伯朝拉海和喀拉海。2008 年,美国地质所首次公布了北极未勘探的能源蕴藏量评估结果。评估认为,极地圈以北可能蕴藏着 1 340 亿桶(大约 190 亿吨)石油和可燃冰,以及 47.2 万亿立方米天然气。如果这些数据准确可信的话,则世界石油的蕴藏量将增加 9.7%,天然气增加 25.3%。沿北极国家所占石油和天然气的份额如下:俄罗斯分别为 41%、70%,美国(阿拉斯加)为 28%、14%,丹麦(格陵兰)为 18%、8%,加拿大为 9%、

4%,挪威为 4%、4%。①

俄罗斯认为,相对于其他四个沿北极国家(美国、挪威、加拿大和丹麦),自己拥有最长的北极边界,而且在北极圈内已开发的土地和水域面积也最大,拥有从科拉半岛至楚科奇广袤的陆地,以及从维多利亚岛至白令海峡广阔的海区,因此,对北极的研究开发理应走在世界前列。2007 年夏天,俄罗斯组织了一支“北极—2007”极地考察队抵达北极点,并在有争议的大陆架边界地区取了土壤样本,还在海底插上了一面俄罗斯国旗。俄罗斯声称,如果可以证实罗蒙诺索夫和门捷列夫海岭伸向格陵兰岛的水下山脉是俄罗斯大陆架的地质延伸,则俄罗斯将对北极 1 200 万平方公里的面积拥有主权,从而有权勘探位于摩尔曼斯克—北极点—楚科奇三角地带的石油和天然气产区。

在俄罗斯进行“北极—2007”极地考察之后,世界上有 20 多个国家都表示准备参与对北极资源的勘探工作。北约表示,北极及其自然资源储备是其战略利益的一部分,并采取了一些实际的行动,如制定了在北方地区军事存在的同盟战略,加大了对开发北极领土的参与程度等。印度也在组织对北极的研究并制定了《印度北极战略》。目前,至少有十几个国家对北极提出了利益要求。俄罗斯认为,其在北极的国家利益面临着极大的挑衅和威胁,国家经济和军事政治安全受到严重影响,必须采取积极有效的措施保持主动,捍卫俄罗斯在北极的国家利益。2008 年 9 月 12 日,俄罗斯安全委员会召开会议,讨论了保障俄罗斯在北极的安全利益问题。当时的俄总统梅德韦杰夫指出,要将北极变成俄罗斯在 21 世纪的资源基地。开发北极可为俄罗斯的能源安全提供保证,利用北极资源则可保障俄罗斯在全球市场上的竞争力。随后,9 月 18 日,梅德韦杰夫批准了《2020 年前后俄联邦在北极地区的国家政策基础》文件,正式确定了俄联邦在北极地区的国家政策的主要目的、基本任务、战略优先方向和政策实行机制,以及俄联邦在北极地区社会经济发展和保障国家安全方面的一整套战略计划措施。这标志

---

① Л. Ивашов, "Морская мощи российской Арктикигеополитический аспект,"《Морской сборник》,2012.6,с.43.

着俄罗斯开始施行其北极战略。

北极战略的主要目标是为促进社会经济发展而扩展俄罗斯在北极地区的战略资源基地，以及为保障军事安全而保持该地区武装力量必要的战斗潜力等。北极战略所确定的俄罗斯在北极地区最重要的国家利益除了战略资源外，还有一条连接俄罗斯东西方的北部交通运输线——北方海路。由于目前俄罗斯在波罗的海和黑海方向上出海口受限，其不得不将发展重点转向北方海路，从而摆脱海上航线受制于人的困境。大力开发北方海路，即在北冰洋沿岸建立能与陆地上铁路系统相连的港口，就可以代替波罗的海的交通运输线，而且这条航线完全处于俄罗斯的控制之下。其向东能以最短的航程到达太平洋沿岸各国，向西则能自由进出目前世界政治、经济和文化中心的大西洋。

对俄罗斯来说，北方海路不仅具有重要的经济价值，还具有军事战略价值，因为它是位于欧洲的北方舰队和位于亚洲的太平洋舰队进行跨战区机动的最短航线。俄罗斯拥有仅次于美国的强大海军，然而其四大舰队基本处于各自为战的状态，特别是太平洋舰队与其他几个舰队更是相距遥远。一旦有事，其中实力最强的北方舰队如何进行增援，历来是俄罗斯海军非常关注的问题。按照冷战时期苏联海军的战略构想，太平洋舰队一旦遭受攻击，北方舰队将沿北方海路对太平洋舰队进行支援，但是楚科奇海浅水海域漫长的结冰期大大限制了潜艇部队的支援作战行动。1966 年，北方舰队核潜艇编队进行了首次越洋航行，目的就是寻找一条在北方海路行不通的情况下对太平洋舰队核潜艇部队实施机动支援的最佳航线。最后确定的增援路线是从摩尔曼斯克南下大西洋，环绕南美洲，穿越德雷克海峡，再北上抵达堪察加半岛克拉舍宁尼科夫太平洋舰队核潜艇基地，行程 18 700 海里，时间 78 天。在各种侦察技术和手段高度发达的今天，如果按此航线进行机动支援，必将重蹈日俄战争期间俄国舰队在对马海战中惨败的覆辙。而通过北方海路从北方舰队所在地摩尔曼斯克至太平洋舰队所在地符拉迪沃斯托克（海参崴）仅 5 600 多海里，且全程处于俄罗斯的控制管辖范围内，不仅舰队之间的机动距离大大缩短，舰队也不用突破北约的层层控制区。

今天的北极已经成为俄罗斯一个特殊的科研、经济、政治和军事利益地区。

开发、利用和保护该地区的国家利益必将成为俄罗斯国家海洋发展的重心。为了应对未来因为争夺北极丰富的石油和天然气资源而爆发的军事冲突,确保俄罗斯在北极的经济活动得到军事力量的可靠保障,俄罗斯国防部采取了一系列保障北极军事安全的措施。2008 年,北方舰队舰艇恢复了在北极海域的巡逻行动,远程航空兵飞机也开始在该地区上空巡逻飞行,以显示其在北极的军事存在。同时,为完善海军在北极地区的驻泊体系,堪察加和摩尔曼斯克正在建设新型水面舰艇和潜艇统一的综合驻泊体系。为保障舰艇的临时驻泊和储备补充,北方海路沿线归俄罗斯交通部管辖的迪克森港、季克西港、普罗维杰尼亚港和佩韦克港也将作为海军的前沿驻泊点。此外,为进一步增强海军在北极海域的存在,俄罗斯正在研究在其北极沿岸的其他地点建立海军驻泊体系的方案。海军力量的加强,为俄罗斯实现将北极地区开发成最重要战略资源基地的目标提供了安全保障;同时,这项新任务也将成为俄罗斯海军复兴的契机。

2.5.3 以海军力量为支撑的海洋安全观

俄罗斯传统的安全观是以领土扩张作为防御手段,以扩张求安全。从 16 世纪初到 20 世纪 80 年代中期的 400 多年间,除了几个短暂的时期外,俄罗斯其余的发展历史无一不与扩张有关。"扩张"被其视为国家生存、安全与发展的有效手段。随着冷战的结束及国际国内安全形势的变化,俄罗斯逐渐形成了新的安全观。

2009 年 5 月 12 日,总统梅德韦杰夫批准了《2020 年前俄联邦国家安全战略》,阐述了俄罗斯在国防、内政、外交及经济等领域面临的主要安全威胁及应对手段,界定了国家安全的核心利益所在,确立了国家安全保障体系发展的目标、国家战略性优先方向、应对手段和主要任务。这表明俄罗斯新安全观的逐步形成。新安全观对国家安全领域有了更广泛的认识,认为只注重军事层面的传统国家安全问题已远远不够,还应注重外交、经济和信息等非军事层面的非传统国家安全问题。而在安全手段的运用上,强调应动用国家、军队、社会和团体各种力量,采用传统(军事)和非传统(非军事)的综合手段解决国家面临的安全威胁,而不再是冷战思维下的必须动用军事手段应对军事威胁。该战略对经济安全问题予以了特别的重视,并首次提出了能源安全问题,指出未来国际政治的关注点将长期集中于获取能源上,其中包括中东、巴伦支海大陆架、北极地区、里海和中亚地区的能源,并称在争夺国际能源开发的斗争中,俄罗斯不排除动用军事力量解决出现的问题。这说明,在日趋激烈的海上能源争夺中,提高海军在重要海域保障海洋活动安全的作战能力,是俄联邦海洋活动发展的主要战略目标之一。

一个国家海军的强弱,基本上取决于海洋观的科学程度和是否正确的态度。俄罗斯与120多个国家保持着海上联系,拥有庞大的商船队、辽阔的海上经济区、绵延的海岸线,因此,俄罗斯认为,强大的海军是俄罗斯得以保障其军事安全和国际威信、保障其政治经济利益和海上国防利益,以及维护海洋空间的军事政治稳定的不容置疑的条件之一。长期以来,俄罗斯更多地被视为陆上大国,海军的建设和运用深受大陆思维的影响。但在海洋地位、作用日益提高的今天,俄罗斯对海军的关注度有了明显提升,海军在海洋发展战略中的作用、地位也随之提高。

苏联解体后,俄罗斯海军从1992年开始进入战略调整期。其基本作战思想:由准备在全球各大洋打一场世界性战争转变为对付俄罗斯周边水域的地区性冲突;海军力量在很大程度上已转至执行诸如保护领水和特别经济区、监督捕鱼、监督海洋生物及矿藏的开采、查禁走私等任务;作战方向由针对美国等西方国家转为维护俄罗斯的利益,应对海上挑战。随着战略重点的转移,俄罗斯海军开始从海外撤军,先后将常驻金兰湾、印度洋、地中海的舰艇撤回原舰队。海军活动范围也由大西洋中部至美国东海岸附近收缩到北挪威和巴伦支海;由中太平洋和北太平洋阿留申群岛至白令海峡,收缩到鄂霍次克海及千岛群岛外侧。在20世纪90年代的过渡时期,海军停止了远洋作战演习,大规模海上演习的次数也越来越少。这一时期海军的主要任务是捍卫俄罗斯的独立、主权、领土完整和国家利益,防止来自海上的威胁。这种以防御为主的新战略思想不仅是出于对世界新格局的考虑,也是因国内日益严重的经济衰退而做出的无奈选择。

随着国际关系新体系的建立,俄罗斯认为,要在这个新体系中保持大国的地位,必须重新审视海军的作用和地位,必须以法律的形式明确平时和战时海军的使用问题,以及海军最重要的发展方向。因此,在新千年即将到来之际,1999年11月,俄罗斯召开了安全委员会会议,明确了保持和发展海军力量及俄罗斯造舰工业的总体战略和紧急措施,并指出应制定和实施长期而系统的国家政策,以开发和利用世界大洋资源和空间,确保俄罗斯经济发展和国家安全的稳定。11月23日,俄罗斯安全委员会批准了《俄联邦海军战略(草案)》。这是第一份俄联邦海上活动的构想性文件,是对俄罗斯在新地缘政治条件下如何开发和利用世界大洋的各种观点的系统总结。它确定了海军的使命、使用原则以及建设和发展的基本方向,并正式提出了"海军战略",而不再使用过去所一直沿用的"海军战略使用"。《俄联邦海军战略(草案)》共分十大部分:海军战略的实质和运用领域;俄罗斯在世界大洋的利益和目标;海洋方向上对俄罗斯国家利益和安全构成威胁的根源及俄罗斯对威胁的认识;保障俄罗斯在世界大洋的军事安全和国家利益的途径;海军运用的战略构想;对海军的要求;国家对海军发展的长期政策;国家对海军的军事技术政策;海军发展的军事经济政策;国家对海军发展政策的实现机制。其中指出,俄罗斯应尽最大努力保持一支有足够能力的海军。和平时期,这支海军最主要的任务就是提升国家影响力、保障俄罗斯海洋经济活动的安全。

在重新走向世界各大洋的同时,俄罗斯也逐步把战略重点由过去偏重欧洲转向欧亚并重。从2005年起,这一趋势更加明显。

长期以来,俄罗斯一直将亚洲部分作为其战略大后方。苏联解体后,太平洋舰队基本上是维持现状,军费不足,使得事故频发,防务每况愈下。但太平洋地区的海上交通线对俄罗斯有着越来越重要的作用。俄罗斯在欧洲虽然有许多出海口,但是缺少不冻港,舰队的航行受到许多自然环境因素的阻碍;随着北约东扩,俄罗斯的战略空间被大大压缩,几个有限的出海口受到地理条件的制约,如果战争爆发,几个主要的海峡一旦被封锁,黑海舰队、波罗的海舰队甚至北方舰队就无法真正发挥战斗力;而太平洋舰队与之相比则有较大的战略生存空间。

更重要的是，近年来，美国加强在西太平洋地区的军事部署、加紧部署导弹系统，以及美日军事同盟不断强化，使俄罗斯在远东方向所承受的战略压力正日趋增大。基于以上考虑，在经济实力逐渐恢复的情况下，俄罗斯开始扭转以往只注意西部和南部防御力量建设的局面，逐渐增加对太平洋舰队建设的投入，并宣称未来太平洋舰队将重新配备航母，以加强舰队的远洋作战能力。与此同时，俄罗斯不断显示其在远东军事力量的存在，加强与该地区各国的军事合作与交流，增加远东军事演习的数量和规模，联合海上军事演习次数明显增多。

进入 21 世纪以来，俄罗斯海军建设步伐虽然缓慢，但总体实力有了明显提升。从颁布的《2020 年前俄联邦国家安全战略》中可以看出，能源和军事是俄罗斯振兴的两大战略支柱。这也印证了俄罗斯人一贯的战略思维，即强大的俄罗斯必须以强大的军队做支撑，强国必须先强军。而要成为海洋强国，就必须有强大的海军做后盾。强大的海军是俄罗斯拓展海洋利益、维护海洋大国地位的重要保证。

3 英国海洋发展的经验教训及其现代海洋观的形成

英国是一个面积不大的岛国。其之所以能在世界近现代史上扮演重要的角色,并一度成为世界上最强大的国家,主要归因于它在海洋发展方面取得的巨大成就。英国在伊丽莎白时代击败西班牙无敌舰队的入侵,可以看成是其向海洋发展的真正起点。从 17 世纪初始的两百年间,经过与荷、法等国的多次较量,英国终于成就海洋霸权,并形成了海军、殖民地和海外贸易三位一体的海洋发展模式。英国在长期的海洋发展历史中,形成了独具特色的海洋观,并随着时代的发展而有所变化。如今,虽其"海洋霸主"地位早已丧失,但它仍称得上是一个对海洋发展有着独到见解和深刻认识的海洋国家。英国在海洋发展方面的历史经验教训及其现代海洋观,对我国建设海洋强国具有一定的借鉴意义,值得认真研究。

3.1 影响英国海洋发展的主要因素

美国著名海军历史学家、海军战略理论家马汉在《海权对历史的影响(1660—1783)》一书中,将影响各国海权的要素归纳为六类:(1) 地理位置;(2) 自然结构;(3) 领土范围;(4) 人口数量;(5) 民族特点;(6) 政府的性质。[①]他以此为基础,重点分析了英国、法国、荷兰和美国等有关国家的相关情况。英国当代著名海权理论家、伦敦大学国王学院教授杰弗里·蒂尔在其《海权:21 世

---

① [美]A. T. 马汉:《海权对历史的影响(1660—1783)》,安常容、成忠勤译,解放军出版社,2006 年,第 38 页。

纪导览》一书中，将海权构成要素分解为六个方面：人口、社会与政府；海洋地理；资源；海洋经济；技术；其他方面的因素。[1] 不管是马汉在 19 世纪末对影响各国海权的要素的分类和分析，还是蒂尔在 21 世纪初对海权构成要素的解析，对于现代海洋观的研究都有很大帮助。借鉴上述两位大家的相关论述，我们将影响英国海洋发展的主要因素分为以下四类：自然条件；人口、社会与政府特征；科技和经济发展水平；战略文化传统。当然，这些因素不是独立存在的，彼此也会相互作用。比如，英国的岛国地位对其战略文化传统就有经久性的影响。

3.1.1　自然条件

英国是一个岛国，地处西欧边缘，被北海、英吉利海峡、凯尔特海、爱尔兰海和大西洋包围。马汉认为，英国的地理位置使其在海洋发展方面具有先天的优势，因为它既不靠陆路去保卫自己，也不靠陆路去扩张领土，而是可以把目标完全指向海洋。马汉指出，英国的地理位置不仅有利于集中部队，而且它为对付敌人的可能进攻提供了作战活动的中心位置和良好的基地的战略优势。因为英国一面对着荷兰和北方强国，另一面又对着法国和大西洋。当英国受到过去多次受到的法国与北海和波罗的海的一些海上强国联盟的威胁时，位于唐斯和英吉利海峡的英国舰队，甚至位于布雷斯特外海的英国舰队都占据了内线位置，这样就可以使英国联合舰队迅速反击想寻机通过英吉利海峡与其盟国会合的敌人。同时，英国坐落在便于进入公海的通道上，还控制了一条重要的世界贸易航线，便于它开展对外经贸。[2] 此外，从领土范围和自然结构上看，现今的英国由英格兰、苏格兰、威尔士和北爱尔兰等部分组成，共 24.36 万平方公里；其海岸线曲

---

① Geoffrey Till, *Seapower: A Guide for the Twenty-First Century*, London: Taylor & Francis e-Library, 2005, p.68.

② ［美］A. T. 马汉：《海权对历史的影响(1660—1783)》，安常容、成忠勤译，解放军出版社，2006 年，第 34 - 42 页。

折,总长约 11 450 公里,其间良港密布;英国任何地点距海不超过 120 公里。①虽然一国的自然条件是不会轻易变动的常量,但随着科技和战争方式的发展变化,同样的自然条件,在不同的历史时期对海洋发展的影响是大为不同的。以英国为例,从历史上看,隔开英伦三岛与欧洲大陆的英吉利海峡,曾经对英国的防御起到了某种程度的保护作用,大海曾经是英国安全的第一道防线。但是随着飞机的出现及导弹技术的发展,这种保护作用已大为削弱,甚至可以说已经完全不存在了。不过,总体上看,自然条件仍为英国向海洋发展提供了极大的便利。从历史发展进程来看,英国人也确实很好地利用了这些条件。

3.1.2 人口、社会与政府的特点

对于一国的海洋发展态势来说,起决定性作用的不是该国的人口总量,而是其人口中究竟有多大的比重在从事与海洋相关的活动。一个国家可以拥有一支强大的海军,但如果其国内没有一个强大的海洋社区,海洋贸易不够发达,那么,这个国家的海军建设就不具有可持续性。相反,如果一个国家海洋贸易发达,它就可以利用从中获得的丰厚利润来加强海岸港口等基础设施的建设,推动经济科技的发展,并最终将其转化为海军优势。英格兰民族具有某种在海上生存发展的天分。这与其起源和构成有很大的关系,因为他们的祖先都是从海上征服该地并定居下来的人。大不列颠堪称"入侵者的熔炉"。一旦英国人的"海洋"天性被激发出来,他们将很少会有对手。因此,自近代以来,英国国内始终存在着较为强大的海洋社区,英国人在心理上也不断地朝岛国民族的方向发展。②当然,早期的英国统治者实际上均具有很深的"欧陆"情结,只是随着民族国家意识的增强,以及欧陆领地的丧失,英国人才最终"离别"了大陆,转向了海洋。这种"岛国心理",在女王伊丽莎白一世身上便有了很好的体现。她本人与从事海外

① 宋国明:《英国海洋资源与产业管理》,《国土资源情报》2010 年第 4 期,第 6 页。
② 计秋枫、冯梁等:《英国文化与外交》,世界知识出版社,2002 年,第 58、65 页。

贸易和探险的"海盗"们关系密切。从事黑奴买卖的约翰·霍金斯(John Hawkins)在1573年就被伊丽莎白女王任命为英国的海军大臣，负责整顿和扩充亨利八世时代残存下来的英国舰队。霍金斯的表弟弗朗西斯·德雷克(Francis Drake)于1577—1580年进行了一次环球航行，带回了大量的金银财宝，他将其中的16万英镑献给了伊丽莎白一世。而后者在欣喜之余，则授予了德雷克爵士封号。① 英国人能够转向海洋，并取得巨大的成功，也与他们具有强烈的商业习性有关。马汉对此有深入的观察。他赞扬英国人是天生的生产者和交易商，他们的海运事业日益兴旺发达，甚至连当时很强大的法国的产品都需要他们的船舶来运输。这样一来，英国便可以用多种手段去争夺海上霸权。②

政府的性质也会影响一国的海洋发展。英国海军历史学家尼古拉斯·罗杰(Nicholas Roger)认为，长期来看，绝对君主制政府不利于一国海上力量的发展，因为在这种体制下制定的政策缺乏可持续性，并且本质上说它是一个擅长动员人力而不是创造财富的制度，而现代海军是一个需要长期进行巨大投入的军种，对此君主立宪政体似乎更为有效。因此，与西班牙、法国和德国相比，英国成为海洋强国的几率更大。③ 举例来说，17世纪，法国曾在柯尔培尔担任财政大臣期间建造出比英国规模更大、性能更好的舰队，而一旦柯尔培尔失去法王的宠信，法国海权的基础便很快丧失了。④

3.1.3 科技和经济发展水平

科学技术是重要的生产力。一国的科技水平直接决定着一国的经济发展水

---

① 计秋枫、冯梁等：《英国文化与外交》，世界知识出版社，2002年，第67-68页。

② ［美］A. T. 马汉：《海权对历史的影响(1660—1783)》，安常容、成忠勤译，解放军出版社，2006年，第64-70页。

③ Geoffrey Till, *Seapower: A Guide for the Twenty-First Century*, London: Taylor & Francis e-Library, 2005, p. 68.

④ A. T. 马汉：《海权对历史的影响(1660—1783)》，安常容、成忠勤译，解放军出版社，2006年，第90-95页。

平,也在很大程度上决定着该国的海洋发展水平。英国一向重视用先进的技术改进海军装备。在近代早期同西班牙作战时,英国海军便配备了三倍于西班牙火炮射程的舰炮,这种炮在 1588 年海战中取得了良好的效果。克伦威尔执政时也非常重视海军建设。当时建造的"纳斯比"号军舰吨位达 1 665 吨,安装有 80 门重型火炮,而且在舰体和帆缆设计方面都有了很大改进。在蒸汽船出现以前,它一直是一切战舰的原型。① 18 世纪下半叶,在英国开始的以蒸汽机、纺织机的发明及机器作业代替手工劳动为标志的科技革命,推动了英国的工业化与现代化。英国迅速成为世界上最富有的国家。它一个国家的生产能力比世界上其他国家的总和还要多得多。它成为全世界的加工厂,庞大的远洋船队把数不尽的工业品运往世界各地,再把原材料运回国,加工成工业品,然后再运出去。② 工业革命不仅促进了英国的经济发展,也有利于英国海上实力的发展。例如,美国独立战争中,随着法国的参战,英国海军受到的压力日益增大,而英国又无力在短期内建造更多的舰只。为了改善现有战舰的性能,提升其航行速度,英国人想出了舰体包铜的主意。要在短期内对大量的军舰进行这种改造,无疑需要迅速获取大量的铜;而冶炼铜的过程中又需要大量的煤,大部分的煤都是通过新式的蒸汽机来开采的。这只有在工业革命以后的英国才能做到。正是凭借舰体包铜技术和突破敌舰队纵队的新战术,英国取得了 1782 年多米尼加海战的胜利,鼓舞了切萨皮克湾海战后士气低落的英国海军。也正是工业革命后日益强大的经济实力,支撑英国冲破了拿破仑法国对其的封锁,并赢得了战争的胜利,为它在 19 世纪确立和维持海洋霸主地位奠定了坚实的基础。不过,盛极而衰。19 世纪中后期,电力技术和内燃机的发明再次带来了科技革命。它带动了钢铁、石化、汽车、飞机等行业的快速发展。在这次科技革命中,英国没能拔得头筹。美、德等国则抓住了机会,它们的整体经济实力迅速崛起,并最终超越了英国。英国海洋霸权存在的基础已难以为继,其走向衰落的命运已然注定。

---

① 丁一平等编著:《世界海军史》,海潮出版社,2000 年,第 201 - 202 页。
② 钱乘旦、许洁明:《英国通史》,上海社会科学出版社,2002 年,第 215 - 221 页。

3.1.4　战略文化传统

英吉利民族深厚的历史文化底蕴,造就了其独特的战略文化传统;这些战略文化传统反过来又影响着英国的海洋发展。首先,与欧洲其他国家不同,英国文化更加重视面向海洋、依赖海洋发展。[1] 对英国早期殖民扩张颇有贡献的沃尔特·雷利爵士曾指出:谁控制了海洋,谁就控制了贸易,谁控制了世界的贸易,谁就控制了世界的财富。[2] 英国人这种强烈的海洋观念与前述地理位置因素显然有关。因为与欧洲大陆隔海相望,英国人从来没有真正意义上的欧洲人概念,而是把自己视为独特的更具全球视野的"欧洲人"。地理位置对英国人心理认知的影响是根深蒂固、难以改变的。2013 年 1 月,卡梅伦首相在其发表的欧洲政策演讲中,再次强调了英国与欧陆国家的明显不同。他指出,作为岛国民众,英国人更加直率,强调自身的独立性,并特别注重维护国家主权。在他看来,要改变英国人的这种特点,其难度丝毫不亚于把英吉利海峡的海水排干。[3] 其次,英国是一个具有深刻帝国情结的国家。殖民扩张战略在英国海上崛起过程中发挥了重要的作用。虽然英国人不是最早进行海外扩张的欧洲国家,但比较而言,英国人更愿意在他们新开辟的地区定居,而且本能地、迅速地从多方面寻求开发新地区的资源。这使得英国很快超越葡萄牙、西班牙和荷兰等国家,建立起人类历史上最大规模的海上殖民帝国。英国人深深以此为傲,久而久之便形成了他们独特的帝国情结。而要把帝国联系在一起,就需要海洋这个不可或缺的纽带。于是,英国人的帝国情结和海洋情结便交织在一起,大大促进了英国海洋事业的发展。再次,英国对欧陆列强长期采取"均势"战略,使其彼此牵制,以利英国在海

---

① 冯梁:《英国的文化传统及其战略选择》,《中国军事科学》2001 年第 5 期,第 7 页。

② Geoffrey Till, *Seapower: A Guide for the Twenty-First Century*, London: Taylor & Francis e-Library, 2005, p. 15.

③ David Cameron's Speech in Full, http://www.telegraph.co.uk/news/worldnews/europe/eu/9820230/David-Camerons-Eu-Speech-in-full.html.

外的扩张。对此,丘吉尔曾有精彩的论述:"请注意,英国的政策并不考虑企图称霸欧洲的国家究竟是哪一个国家,问题不在于它是西班牙,还是法兰西王国或法兰西帝国,是德意志帝国还是希特勒政权。这个政策与这个国家是什么国家,谁当统治者都毫无关系;它唯一关心的是,谁是最强大的,或具有支配力的暴君。因此,我们不要怕别人说我们亲法反德。如果情况改变,我们同样可以亲德反法。这是我们正在遵循的国际政策的规律;它不是根据偶然的情况,或因为主观愿意不愿意,或者以什么别的感情来决定的权宜之计。"①最后,20 世纪以来,英国始终重视利用其与美国的特殊关系来维护自己的海洋利益。在 19 世纪"不列颠治下的和平"时期,处于超强地位的英国自然不需仰赖他人的鼻息。但当实力地位下降,难以靠一己之力保护自身海洋利益时,英国又将实用主义的哲学发挥到极致,实行了灵活的结盟战略,这其中最为成功和持久的要数其对英美同盟关系的经营。美国在 19 世纪末 20 世纪初已经崛起为一个强国。当时美国卡内基钢铁公司的年产量甚至超过了英国全国的钢铁产量。虽然历史上英国和美国曾兵戎相见,但两国毕竟有共同的语言和文化传统。20 世纪初,英国决策者在制定对外战略时,已经很难将美国设定为假想敌,而是视其为自己的天然盟友。美国的海外扩张,虽然会对英国的海洋利益产生一定的负面影响,但从 20 世纪以来的历史发展进程看,如果没有美国的帮助,英国在两次世界大战和冷战中的处境将更加艰难。因此,总体上说,在英国海洋霸权衰落时期,英美的特殊关系对于维护英国的海洋利益发挥了较为积极的作用。

3.2　英国海洋发展的历史进程

英国与海洋有着不解之缘。在民族国家形成以前,英格兰就多次遭遇欧陆势力从海上发起的攻击。早在公元 34 年,罗马帝国的海军就渡海征服了大不列

---

① 冯梁:《英国的文化传统及其战略选择》,《中国军事科学》2001 年第 5 期,第 10 页。

颠。5世纪中叶,居住在易北河、莱茵河和威悉河下游的盎格鲁人和撒克逊人等,也先后侵入不列颠。9世纪,艾尔弗雷德大帝在领导不列颠各王国反抗丹麦人海上入侵的斗争中,促成了不列颠的统一和"英格兰"民族的形成。[1] 11世纪,诺曼底的威廉征服了英格兰王国后,英国与欧洲大陆的联系紧密起来,历代君主都把维持和扩大在大陆的领地作为中心任务。[2] 在英法百年战争中失利后,英国王室对欧陆事务的雄心受到了遏制,但这却促使英国更加关注海外贸易的扩张。近代以来,英国从西欧边陲的一个小岛国,崛起为世界强国的征程,就是从海上开始的。

3.2.1 伊丽莎白时代(1558—1603年):英国海洋发展的真正起点

1588年,英国取得了反抗西班牙无敌舰队入侵的胜利。历史学家约翰·西雷(John Robert Seeley)认为这一事件标志着英国近代史的开端,因为它具有鲜明的海洋性特征。这是一场从海上开始、在海上进行并在海上终结的战争。这里的"海上"不再局限于英国周边海域,英西两国在英吉利海峡、大西洋、太平洋和墨西哥湾等广大海域展开了较量。这次战争的入侵者西班牙是哥伦布和达伽马航海传统的继承者。他们以新大陆的主人自居,他们对英国开战的主要理由是后者侵犯了自己对新大陆的垄断地位。而在英国奉命进行抵抗的已不再是中世纪的骑士,也不是英法百年战争中赢得克雷西战役的弓箭手,而是长期奔波在海上、深谙大海大洋习性的海盗霍金斯和德雷克们。西雷指出,只有在此以后,英国才真正称得上是"一个在驾驭海洋的波涛中前行的国家"。[3]

以伊丽莎白时代为代表的近代早期的英国海洋发展形态,对后世英国的海洋发展模式产生了重大的影响,在此有必要对其稍加论述。著名学者保罗·肯

---

① 王生荣:《海洋大国与海权争夺》,海潮出版社,2000年,第24-25页。

② 夏继果:《伊丽莎白一世时期英国外交政策研究》,商务印书馆,1999年,第10页。

③ J. R. Seeley, *The Expansion of England: Two Courses of Lectures*, London: Macmillan, 1914, pp.125-126.

尼迪(Paul M. Kennedy)认为,近代早期的英国海洋发展的背后有经济、宗教和国民性等三重动因。^① 首先,英国王室向来重商,英国海外扩张背后的经济动因颇为明显。早在 14 世纪时,英国王室在商人的督促下,就采取了多种措施遏制外国商人的影响力,扶植本土贸易的发展。议会通过的不同版本的对外国贸易商人限制日益严厉的航海法案就是典型的例证。早期的海外冒险只是断续进行,因为它们缺少伦敦商人的支持。那时的伦敦商人仍然钟情于从事对欧洲大陆的布匹生意。1551 年与欧陆的布匹贸易陷入萧条后,英国更加关注东方香料、美洲金银和非洲奴隶贸易中所蕴含的巨大商机。于是,在传统的纯商业冒险之外,一大批特许公司得以建立。英国海外贸易的重心也逐渐脱离了英吉利海峡。其次,英国海外扩张的背后也有强烈的宗教动因。德雷克在航海时就总是带着《福克斯殉道者名录》。另外,英国的宗教体制和西班牙是大为不同的。西班牙是一个天主教国家。而英国在伊丽莎白女王的父亲亨利八世当政时就进行了一定程度的宗教改革,规定英国教会的主教任命权由国王掌握,与教皇无任何关系,又规定英国国王是英国教会的最高首脑,有权处置教会的一切事物。其后,玛丽女王登基,虽实行了重新天主教化的政策,但她的所作所为并不得人心。伊丽莎白上台以后,全面废除了玛丽女王时期的天主教化措施。罗马教皇的权力再次被推翻。在英国人看来,西班牙是天主教势力的最大支持者,因此,抢劫一艘西班牙运宝船不但可以一夜致富,也是对西班牙天主教势力企图一统天下的一种打击。最后,从国民性上来说,这一时期英国民众中普遍洋溢着一种自信和乐观的情绪,这有助于英国在殖民开拓方面后来居上。打败无敌舰队解除了西班牙干涉和入侵的持续威胁,一扫自伊丽莎白女王登基以来一直压在英国人头顶的阴霾。沉浸于喜悦之中的英国人开始重新感受到英格兰的强大、富饶和美丽。英国步入了一个乐观的时代。^② 这种乐观主义心态,也在一定程度上推动了英国向海外扩张的步伐。

---

① Paul M. Kennedy, *The Rise and Fall of British Naval Mastery*, London: Macmillan, 1983, pp. 21 - 25.

② 计秋枫、冯梁等:《英国文化与外交》,世界知识出版社,2002 年,第 86 页。

值得指出的是，虽然抵挡住了西班牙无敌舰队的入侵，但在伊丽莎白时代，英国并没有一跃成为世界海洋强国，只是展现出了成为海上强国的潜质。当时，对英国来说，大西洋贸易的重要性还比不上欧洲贸易，英国海军还不完全正规，海军的战略战术也还不成熟，英国也没有形成一贯的海上政策。作为一个出色的政治家和战略家，伊丽莎白深刻地认识到了这一点。因此，在西班牙问题上，她采取的态度并不是彻底摊牌，而是希望西班牙和法国之间能维持某种程度的势力均衡，以增大英国的行动空间。

3.2.2　走向霸权时期：英国海洋发展模式成型

在 17 世纪和 18 世纪的 200 年间，为了争夺海上霸权，英国又和荷兰、法国等国进行了一系列的战争。在 1805 年的特拉法尔加海战中，英国取得了对法作战的决定性胜利。这场战斗奠定了英国在后来 100 多年里的海上霸主地位，也为英国建立一个横跨几大洲的世界帝国奠定了基础。[①] 英国之所以能最终胜出，与其海军、殖民地和海外贸易三位一体的海洋发展模式逐渐成熟不无关系。

第一，君主立宪制的确立，为英国的海洋发展提供了较为稳定的政治基础。17 世纪对于英国来说是一个政治动荡的革命世纪，进入 18 世纪，英国的政治趋于稳定。在 1688 年革命以后，君主的权力受到制约，议会的权力却大大加强，并把内阁置于自己控制之下。在只有议会多数党成员才能担任政府大臣、出任首相的惯例形成后，英国政府的运作效率进一步提高。比如，在英国海洋发展的关键时期，小威廉·皮特于 1783—1801 年和 1804—1806 年两度担任英国首相，任期合计长达 20 年之久。他上任时年仅 24 岁，是英国迄今为止最年轻的首相。乔治三世本来以为可以轻而易举地控制小皮特，但后者非常难对付，他很快就结束了国王的个人影响，政党政治从此在英国不再动摇。皮特上任后首先解决财政问题，把辉格党在任时倡导的"经济改革"执行到底。他取消一批闲置的官职，

① 钱乘旦、许洁明：《英国通史》，上海社会科学出版社，2002 年，第 228 页。

加强对官员的财政监督,努力堵塞贪污漏洞;他修改关税,使走私活动无利可图,减少税收,简化收税手续,节省了行政开支,改善了国家的财政状况。① 皮特在改善国家财政的基础上,对海军进行了大量的投资。在他担任首相期间,英国的海军不仅数量可观,而且训练有素。这也是英国能在海战中战胜法国的重要原因。

第二,海军、殖民地和海外贸易有机结合,为英国海洋发展创造了良好模式。首先,海军成了一支真正的国家性常备力量,其经费由国会通过定期投票进行拨付。伊丽莎白去世以后,在斯图亚特王朝统治期间,英国的海军实力有所下降。但在英国革命时期,海军却成了议会力量所倚赖的对象。它既在内战中帮助议会取得了关键的胜利,也成了议会抵抗欧洲大陆支持斯图亚特王朝的第一道防线。英国海军在17世纪下半叶与荷兰的三次战争中迅速成熟起来。英国海军史学者安德鲁·兰伯特(Andrew Lambert)认为,英荷战争确立了此后两个世纪海战的形式和主要内容。② 这是一场纯粹的海战。交战双方都是为了商业利益,而不是为了领土而战,主要战区中没有陆地。直到19世纪50年代蒸汽机替代风帆成为海运动力之前,英荷战争中的军舰样式和战略战术也都被视为海上战争的核心。1653年,英国海军统帅布莱克在蒙克和迪恩的协助下正式颁布了海军史上的两个历史性文件:《航行中舰队良好队形教范》和《战斗中舰队良好队形教范》。后者中的第三条具有划时代的意义。它规定:一旦进入全面进攻时,各分舰队应该立即尽可能地运用最有利的优势与邻近的敌人作战,各分队的所有战舰都必须尽力与其分队长保持一线队列前进。该规定第一次明白确立了战列线战术的地位,并说明了保持一线队列的各种战斗行动。③ 在1653年的斯赫维宁根海战中,英国人首先使用了战列线战术。到18世纪末,通过一系列海战的磨砺,英国海军对战略战术的理解日益深刻,于是便出现了纳尔逊这样的海军名将,引领了英国海军的勇猛作风。纳尔逊曾指出,如果我们俘获了敌人的十艘

① 钱乘旦、许洁明:《英国通史》,上海社会科学出版社,2002年,第222-223页。
② [英]安德鲁·兰伯特:《风帆时代的海上战争》,郑振清、向静译,上海人民出版社,2005年,第52页。
③ 丁一平等编著:《世界海军史》,海潮出版社,2000年,第202-203页。

舰船,而让本来也可俘获的第十一艘逃脱了,那么这次行动就不能称为完美。[1]其次,英国的对外扩张加剧进行,并且开始由政府主导。都铎王朝时期,英国的海外扩张具有明显的私人性和民间性特征。[2] 17 世纪中叶以后,私人利益团体通过和平开发创建殖民地的阶段已经结束,政府开始通过战争手段来拓展殖民地。到 1815 年时,英国已在美洲、非洲、亚洲和大洋洲等地领有大量的殖民地。最后,英国的海外贸易飞速发展。1700 年,英国的进出口贸易总额为 1 250 万英镑,到 1800 年,其数额已经达到 6 910 万英镑。[3] 海外利益的增长需要强大的海上力量的保护,于是海军、殖民地和海外贸易三者之间形成了一种良性的互动关系:强大的海上力量推进和保护了英国的殖民事业和海外贸易;辽阔的殖民地作为散布全球的一系列基地,又直接服务于英国舰队对世界海洋的控制并促进商业的繁荣;而海外贸易则带来了巨额的利润,既能为海军建设及拓展殖民地提供充裕的资金,又能带动英国国内工业的发展。[4]

第三,高效的财政金融体制的建立,使英国的海洋发展有了强大的信贷支持系统。在走向海洋霸权的 200 年间,英国与其他国家发生了多次战争,交战各方都极端需要充足的资金支持。1694 年英格兰银行的建立和国债制度的成功实施,显示了英国财政体制的重大优点。它加强了英国的战时力量,也保证了英国在和平时期的政治稳定和经济增长。[5]

3.2.3　19 世纪英国海洋霸权的确立及其维持

拿破仑战争结束后,世界进入了所谓"不列颠治下的和平"时期。这一时期

---

[1]　Paul M. Kennedy, *The Rise and Fall of British Naval Mastery*, London: Macmillan, 1983, p. 127.

[2]　姜守明:《从民族国家走向帝国之路》,南京师范大学出版社,2000 年,第 262 - 267 页。

[3]　李东霞:《1815 年前的海权、海军与英帝国》,博士学位论文,南京大学历史系,2004 年,第 70、83 页。

[4]　姚有志、阎启英:《大国雄魂:世界大国战略文化》,解放军出版社,2011 年,第 116 - 117 页。

[5]　[美]保罗·肯尼迪:《大国的兴衰》,蒋葆英等译,中国经济出版社,1989 年,第 94 - 106 页。

也是英国海洋发展的黄金时期。

首先,工业革命所带来的经济社会繁荣,是英国维持海洋霸权的强大实力基础。18世纪下半叶开始的工业革命,使英国在经济社会发展方面具有了先发优势,这一优势在19世纪得到了完全显现。到1860年,英国的生铁产量占世界的53%,煤和褐煤产量占世界的50%,消费的原棉占世界原棉产量的50%。仅占世界人口2%和欧洲人口10%的英国,几乎生产了世界工业产品的40%~45%,欧洲工业产品的55%~60%。与此同时,英国的贸易量为世界贸易总量的五分之一,占制成品贸易的五分之二,悬挂英国国旗的商船队占世界商船队的三分之一强。英国显然已成为世界贸易和海洋发展的中心。① 1865年,英国经济学家杰文斯曾自豪地指出:北美和俄国的平原是我们的玉米地;芝加哥和敖德萨是我们的粮仓;加拿大和波罗的海是我们的林区;澳大利亚有我们的牧羊场;阿根廷和北美西部大草原有我们的牛群;秘鲁送来白银,南非和澳大利亚的黄金流向伦敦;印度人和中国人为我们种植茶叶,我们的咖啡、甘蔗和香料种植园遍布东印度群岛;西班牙和法国是我们的葡萄园,地中海是我们的果园;我们的棉花长期以来栽培在美国南部,现已扩展到地球每个温暖地区。②

其次,欧陆大国忙于处理内部事务和保持彼此之间的势力均衡,这为英国维持海洋霸权地位提供了有利的外部环境。拿破仑战争结束以后,作为战败国,法国元气大伤。它的首要任务是恢复大国地位,在欧洲站稳脚跟,此时它自然无法再对英国提出挑战。普鲁士虽然实力大增,但其首要目标是要完成德意志的统一。俾斯麦出任普国首相以后,利用三次王朝战争完成了德国的统一。他虽然被称为"铁血宰相",却是一个懂得自我克制的政治家。为此他通过一系列行动表明,德国是一个自认为意愿已得到充分满足的国家,他不愿意建立一个大德意志国家。他在统一进程中没有将奥地利完全纳入德国版图,因为他担心德国在一心想报复的法国和多疑的俄国之间陷入孤立。③ 奥地利首相梅特涅虽是一位

---

① 张炜主编,冯梁副主编:《国家海上安全》,海潮出版社,2008年,第212页。
② 〔美〕保罗·肯尼迪:《大国的兴衰》,蒋葆英等译,中国经济出版社,1989年,第189页。
③ 〔美〕保罗·肯尼迪:《大国的兴衰》,蒋葆英等译,中国经济出版社,1989年,第238页。

纵横捭阖的外交家,但他的主要精力都放在了防止帝国内部的民族主义叛乱上,对外则主要是反对俄国的扩张。俄国倒是有意加强自己在中南欧的影响力,打通进入地中海的通道,但其扩张野心引起了其他大国的普遍警觉,它的雄心在19世纪50年代的克里米亚战争中受到了遏制。上述种种原因,导致欧洲其他国家在拿破仑战争后的近半个世纪里都无力也无意威胁英国的海洋霸权地位。

最后,一系列对英国有利的国际规则的制定和实行,为英国海洋霸权的维持提供了制度基础。这其中最典型的事例莫过于英国改弦更张,开始大力提倡自由贸易的观念。1846年,英国废除了《谷物法》;三年以后,英国又废除了实行达数百年之久的《航海条例》,允许外国船只装载货物进出英国港口。经济学家大卫·李嘉图(David Ricardo)的比较成本理论是英国国际自由贸易学说的基础。该理论认为,每个国家都应该根据国内各种商品生产成本的相对差别,专门生产成本比较低的商品来出口;而在生产中成本比较高的商品,即使生产该商品的成本绝对低于其他国家,也应以从国外进口为利。这一学术理论服从于把资本主义的生产和交换关系推广到全世界,建立国际分工体系,提高劳动生产率,增加社会财富的目的,因而这一学说受到了英国资产阶级的推崇,被认为是支配国际贸易的"永恒"规律。[1] 英国不仅自己要推行自由贸易,而且还力图建立一个由它主导的全球自由贸易体系,随之而来的就是商业规范、航运制度和国际法的建构。这一切的根本目的是要保证商品、资金、人员在全球范围内自由流动,所有国家都要开放本国市场。这显然对强大的英国最为有利。[2]

3.2.4　霸权衰落时期英国海洋发展面临的挑战及其应对

19世纪末20世纪初,英国在海洋发展上的独霸地位开始受到多方面的挑战。第一,美、德等国抓住了第二次工业革命的契机,在各项经济指标上逐渐拉

---

① 葛扬、李晓蓉:《西方经济学说史》,南京大学出版社,2003年,第144页。
② 胡杰:《海洋战略与不列颠帝国的兴衰》,社会科学文献出版社,2012年,第130页。

近了与英国的距离,甚至实现了反超。第二,受马汉"海权论"的影响,各国都日益重视海上力量的建设,英国海军不再是一枝独秀。以海军舰只的数量为例,1883 年英国拥有战列舰 38 艘,法、德、俄、意、美等国加起来为 40 艘,也就是说英国与其他列强的海军力量总和旗鼓相当。但仅过了 14 年,到 1897 年时,这组数字的比例已变为 62︰96,实际情况可能比数字的对比更加严重。① 第三,在海外殖民扩张方面,其他国家与英国的争夺加剧。以英德两国之间的竞争为例。德意志帝国建立之初,俾斯麦认为无须用殖民地问题缠住自己,否则就会像波兰的小贵族一样,虽有貂皮大衣而没有睡衣。但从 19 世纪 80 年代起,德国已成为富强的资本主义大国,从而狂热地寻求原料产地、销售市场和投资场所。原本"没有一处殖民地"的德国,于 1884—1885 年在非洲大肆扩张,成为非洲的一个殖民大国,并竭力希望控制两个布尔共和国,以将自己的势力伸进早已成为英国势力范围的南非地区。② 这样,英德两国的冲突必然加剧。第四,交通技术的发展,提升了陆权国家的地位,英国海权的相对优势下降了。英国地缘政治学家麦金德(Halford Mackinder)1904 年在皇家地理学会宣读了《历史的地理枢纽》这篇著名的论文,首次提出了"心脏地带"这一战略概念。在麦金德看来,整个世界的历史就是大陆强国和海洋强国相互斗争的历史。尽管海权强国占过优势,但从长远的观点来看,由于陆权国家人力和物力资源丰富,并且交通日益改善,海权国家终将被陆权国家所压制。因此他提出,世界力量重心所在的欧、亚、非三大洲,由于陆上交通发达,已变成一个世界岛;世界岛的中心位于欧亚大陆中部的心脏地带。麦金德分析认为,最有可能控制心脏地带的是俄国和德国。从历史发展来看,英德冲突确实是一战爆发的关键因素。③ 第五,新技术武器,特别是潜艇和飞机的出现,给以水面舰只能力见长的英国带来了巨大的技术挑战。④

---

① Paul M. Kennedy, *The Rise and Fall of British Naval Mastery*, London: Macmillan, 1983, p. 209.

② 王绳祖主编:《国际关系史》,法律出版社,1996 年,第 200 页。

③ http://baike.baidu.com/view/167617.htm.

④ Paul M. Kennedy, *The Rise and Fall of British Naval Mastery*, London: Macmillan, 1983, pp. 177 - 201.

　　针对以上情况，为了捍卫海洋霸权地位，英国采取了一系列应对措施。首先，试图通过以技术革新为核心的海军改革，继续维持自己的海上力量优势。[①]在世纪之交的英国，引领这次改革的是第一海务大臣约翰·费舍尔（John Fisher）。他的改革努力最为典型的表现是 1906 年下水的"无畏"号战列舰。该舰巨大的排水量、超高的航行速度和全重型火炮的威力使其他一切战舰成为过时品。它成为现代战列舰的始祖，确立了其后达 35 年世界海军强国战列舰火炮与动力的基本模式。费舍尔的另一杰作是 1909 年开始服役的"无敌"号战列巡洋舰。它虽然少了两门主炮，装甲防护也做了简化，但它的速度更快。该型战舰的设计目的是充当战略机动力量，完成驻外分舰队性质的快速部署和战略支援任务，于世界范围内保护英国海上航运，并剿杀敌方的海上袭击舰队。其次，集中力量，加强对本土及周边海域的防卫。英国虽是一个殖民帝国，利益遍天下，但到了海洋霸权衰落时，英伦三岛毕竟是其根本所在。在德国舰队对英国本土的威胁越来越大的情况下，英国削减了海外舰只的数量，加强了本土舰队的力量。[②] 在经过 1904—1905 年的重新配置后，英国周边海域的海军舰只数量由 16 艘增加到了 25 艘。[③] 再次，寻求与其他国家结盟，以减轻自己的压力。英国要从海外撤退部分力量，又要尽最大可能保护自身利益，只得一改霸权时期的孤立政策，与日、法、俄等国结盟。最后，企图通过缔结双边条约和达成多边协议等外交努力，尽量拖延风险到来的时间。在两次世界大战爆发前，英国都试图与德国就限制海军军备达成妥协；在两战之间，英国也曾希望通过华盛顿会议缓解其海权面临的挑战。

　　英国的这些应对措施不可谓不精明，也取得了一定的效果，但终究是杯水车薪，难以解决英国海洋发展面临的根本问题。两次世界大战中英国虽然都是战胜国，但在霸权时期英国所承担的"决定性平衡者"的角色已被美国取代。第一

---

　　① 胡杰：《海洋战略与不列颠帝国的兴衰》，社会科学文献出版社，2012 年，第 193-210 页。

　　② 张炜主编，冯梁副主编：《国家海上安全》，海潮出版社，2008 年，第 222 页。

　　③ Paul M. Kennedy, *The Rise and Fall of British Naval Mastery*, London：Macmillan, 1983, p. 217.

次世界大战中,单靠自身力量欧洲已经无法恢复势力均衡,美国的参战才促使德国同意结束战争。1919年6月,德国舰队在英国的斯卡帕湾的覆灭,与美国和日本海军的崛起构成了一副截然不同的图景。它象征着数百年来由欧洲人独霸海洋的时代的终结。有史以来,英国第一次需要面对欧洲以外的海上强国。由于实力地位的下降,英国政府在《凡尔赛和约》签署后,立即着手制定新的军事政策,形成了"1919年8月原则"。其具体内容是:军费预算的最大限额是1.35亿英镑;英国在未来10年内不会卷入大规模战争;陆军把帝国内部的治安工作列为首要任务,不需要组织前往欧洲大陆的远征军;海军实力回归1914年水平,即使需要作出改变,也不必考虑美国海军的因素。1920年3月,英国正式放弃了其传统的海军"两强标准",转而确立起针对美国的"一强标准"。① 但到第二次世界大战时,英国海军受到全面挑战。处于风雨飘摇中的英伦三岛能够坚持到最后的胜利,主要原因在于苏联和美国的相继参战。这样,二战成了英国海军"利维坦"的末日。二战结束后,英国在世界海洋发展方面只能扮演次要的角色了。

3.2.5　冷战时期英国回归为地区海洋大国

二战结束后,美国成了世界上最强大的海洋国家,苏联也在海洋发展方面奋起直追,英国的实力则不断下降。起初,英国对自身地位的认识并不清醒。战后初期,英国一度想成为美苏之外的第三支力量。丘吉尔提出了"三环外交"的构想,认为在"自由和民主国家"中存在着三个大环:第一环是英联邦和英帝国及其所包括的一切;第二环是包括英国、加拿大、美国及其他英联邦自治领在内的起着如此重要作用的英语国家;第三环是联合起来的欧洲。一旦这三个环连接在一起,就没有任何力量可以推翻它们,或敢于向它们挑战。而英国是在这三环中

---

①　孙晓翔:《利维坦的末日——英国的海军政策与战略1922—1942》,博士学位论文,南京大学历史系,2011年,第27、30、168页。

的每一环都占有重要地位的唯一国家，处于三环的连接点上。① 三环外交显然就是一种以英国为中心的设想，但是残酷的现实很快使英国警醒。1947年，英国被迫从印度撤退；1956年，它在苏伊士运河战争中又颜面尽失。英国一时难以找准自己的位置。1962年，曾担任美国国务卿的迪安·艾奇逊不无嘲讽地评价道：英国已经失去了帝国，但还没有找到自己（应该扮演）的角色。② 不过，大英帝国的分崩离析和英镑区的解体，以及以美苏对抗为核心的冷战大格局的制约，终于使英国下定决心回归欧洲。1968年威尔逊首相宣布，英国要从苏伊士以东地区撤军。英国逐步完成了从全球海洋大国到地区海洋大国的回归。

当然，冷战期间，英国在海洋发展方面仍有一定的全球影响力，具体表现在以下几个方面：第一，虽然大多数殖民地和属地都取得了独立地位，但英国仍保有少量的海外属地，在那里驻有少量的武装力量，维持了一定的前沿存在，还控制着像直布罗陀这样的重要战略通道。第二，英国也与从英帝国独立出来的大多数国家组成了英联邦。从政治上说，这只是一个形式颇为松散的联盟，但英联邦国家之间的经贸文化交流却十分紧密。英国仍可以通过它在海外发挥自己独特的影响力。第三，英国也堪称利用巧实力维护海洋利益的典范和鼻祖。以北约这样的国际组织为杠杆，借助英美之间长期存在的特殊关系，英国大大提升了自己在国际海洋事务中的影响力。英国在这方面采取的另一个重要措施便是加入欧洲共同体。在欧共体成立时，英国认为自己不仅仅是一个欧洲国家，而且还是一个有着全球利益的国家，因此，它没有签署《罗马条约》，没能成为欧洲经济共同体的创始会员国。但是随着欧共体的成功运作，它的影响力越来越大，它建立的共同市场对英国也越来越有吸引力。从20世纪60年代开始，英国便寻求加入欧共体，虽两次被戴高乐否决，但并未气馁。1970年，以加入欧共体为己任的爱德华·希思（Edward Heath）上台执政。希思认为，在一个由美苏两个超级大国主导的世界里，单个欧洲国家无法发挥影响力，但是通过共同体的扩大，以

---

① 计秋枫、冯梁等：《英国文化与外交》，世界知识出版社，2002年，第343页。

② David Sanders, *Losing An Empire, Finding A Role: An Introduction to British Foreign Policy since 1945*, New York: St. Martin's Press, 1989, p.292.

及欧洲国家之间的建设性合作,欧洲就可以在世界各地发挥自己的影响力。正是在他的领导下,英国于 1973 年正式加入了欧共体。

另一方面,冷战期间的英国海军虽然不能再与美国海军相提并论,但它仍是一支不可小觑的海上力量。当被问及战后美国海军将到哪里游弋时,美国海军部长詹姆斯·弗里斯托尔(James Forrestal)答道,哪里有海洋哪里就有美国的海军。[①] 二战后英国的经济发展陷入了“走走停停”的怪圈,难以给海军建设提供充足的资金支持,英国人自然没有弗里斯托尔那样的豪气。战后初期,英国海军的重要性也一度受到部分人士的质疑。为了阻止苏联势力在欧洲的扩张,以及应对核武器出现后的战略环境,陆军和战略空军的发展受到了更大程度的重视。英国国防领导体制的改革,也使得英国海军不再享有以前那种高人一等的地位。不过,英国毕竟是一个有海军传统和丰富海战经验的海洋国家。整体而言,与其他国家相比,英国在北约联盟中仍保持着一支较强的海军力量。1982年,英国能在马岛武装冲突中战胜阿根廷,就彰显了英国海军的战斗力不容小觑。此外,它还通过战略核潜艇继续独立部署着核威慑力量。1962 年底,英美首脑达成《拿骚协议》,英国海军开始着手实施装备“北极星”潜艇的计划。整个工程进展迅速,在不到 7 年的时间里,有 4 艘巨型核动力潜艇完成了设计、建造、装备弹道导弹和总装,从而使得英国在 1966 年便有“北极星”潜艇在海上巡逻了。自那时以后,“北极星”潜艇部队一直都有至少一艘潜艇在海上游弋,从未有一刻间断过。与此同时,英国还建成了潜艇基地和全套岸上保障设施。在“北极星”导弹已经接近使用寿命的情况下,20 世纪 80 年代,撒切尔政府与美国达成协议,美国在 90 年代为英国的核潜艇配备了更加先进的“三叉戟”导弹。这种导弹射程为 4 500 海里,每枚导弹带有多达 8 个分导式弹头。它们在反导和反潜方面为英国输入了新鲜血液。[②]

---

① Thomas G. Paterson, "American Expansionism and Exaggerations of the Soviet Threat," http://www. rocklin. k12. ca. us/staff/.

② [英]J. R. 希尔:《英国海军》,王恒涛、梁志海译,海洋出版社,1987 年,第 16、36、40 - 41 页。

3.2.6 当前英国海洋发展战略的主要内容

东欧剧变、苏联解体以后，世界走出了核恐怖阴影，国际局势整体一度趋于缓和。不过，冷战结束以后，地区冲突不断。进入新世纪以来，非传统安全威胁更是层出不穷。因此，冷战后英国推出的多个版本的《海上军事学说》[①]均指出，在新的战略环境下，兵力运用必须是四维的，把陆、海、空、政治目的与手段有机结合在一起。而海上力量的传统优势——政治风险小，以及进入能力、到达能力、机动能力和持续力强等，使其可以运用于应对多种威胁的挑战中，并能发出各种信号。

目前在英国执政的卡梅伦政府认为，今日之英国比历史上任何时候都更安全，也更脆弱。英国不再像过去那样经常面临敌国对其领土进行常规性攻击的威胁，却面临着来自各个方面的一系列更加复杂的非传统威胁：恐怖主义、网络攻击、非常规生化核武器攻击，以及大规模意外事故或自然灾害。[②] 在这种国际大环境下，卡梅伦政府特别强调英国仍是一个海洋国家，它的繁荣、稳定和安全有赖于海洋提供的重要通道的畅通，以及以法制和自由贸易为基础的国际体系的维持。举例来说，英国的海洋产业雇佣了 41 万人，总产值高达 560 亿英镑。它创造的产值比航天和农业部门的总和还要大两倍多。2008 年，航运业总共盈利 132 亿英镑，其中 100 亿英镑来自海外贸易，平均来说每小时航运业就能为英国赚 100 万英镑。因此，任何长时间的海洋运输中断都将对英国的工业生产造成重创，也影响政府为民众提供基本福祉的能力。[③] 因此，英国要在一个充满不确定性的年代采取措施，强化以遂行战争任务、保护海洋安全和进行国际接触为

---

① 冷战结束以后，英国分别在 1995 年、1999 年、2004 年和 2011 年推出了四个版本的《海上军事学说》。

② HM Government，A Strong Britain in an Age of Uncertainty：The National Security Strategy，October 2010，p. 3.

③ UK Ministry of Defence，British Maritime Doctrine，August 2011.

中心的海上力量建设。

不过,2010 年卡梅伦执政后,将削减赤字、稳定经济形势视为新政府的头等要务,财政吃紧不可避免地影响到英国的海上力量建设。卡梅伦政府的矛盾心态在《战略防务与评估报告》中有充分的体现。该报告提出要完成 6 艘 45 型驱逐舰的建造工作。这种每艘造价 10 亿英镑的驱逐舰是当今世界上最先进的多用途驱逐舰之一。报告认为,从长远来看,英国保持只有航母才具备的作战能力是正确的,因此决定继续 2 艘大型航母的建造工作;但另一方面,又决定让"皇家方舟"号航母立即退役,并且考虑出售 2 艘在建航母中的 1 艘。报告强调要保持和加强英国的独立核威慑力量;但又提出要将潜艇发射管的数量从 12 具减少至 8 具,将核弹头数量从 48 枚减少至 40 枚,以便在未来十年间节约 32 亿英镑。它提出要保持永久性的联合作战基地网,包括在直布罗陀、塞浦路斯和阿森松岛等地的基地;但又计划 2020 年前撤出驻德国的全部英军士兵 2 万名。报告重视加强与盟国的合作,确认要在新建航母上加装飞机弹射器,以便让美国和法国的飞机能从英国的航母上起降执行作战任务。[①] 实际上,因为老航母退役、新航母尚未服役,英国目前处于无航母可用的境地。2010 年 11 月,英国与法国达成了共用航母的协议。

3.3 英国海洋观的历史演变及其现代海洋观的形成

在海洋发展的历史进程中,英国人形成了独具特色的海洋观,并随着时代的发展而有所变化。不同学者对海洋观的界定略有不同。有学者认为,海洋观是指导和约束民族、国家海洋整体行为及国民海洋行为的价值观念。它的形成和演变与海洋在人类生活和社会发展中的地位、作用、价值及其历史变迁直接相

---

① HM Government, Securing Britain in an Age of Uncertainty: The Strategic Defence and Security Review, October 2010, pp. 21 - 23,29,32.

关,是人们对于海洋与国家、民族根本利益之间相互关系的总体看法,[①]也有学者指出,海洋观是人们对海洋开发、利用和国家海洋权益维护的认识。[②] 简而言之,我们认为,海洋观是一国促进其海洋事业发展的总体观念。通过对英国海洋发展历史进程的介绍我们可以看出,英国是一个老牌的海洋强国,其近代以来海洋观的历史演变值得我们加以认真分析和研究。我们大体可以二战为界,将英国海洋观的发展分为两个阶段,即传统海权时代的英国海洋观和当代英国的海洋观。[③]

3.3.1 传统海权时代英国海洋观的演变

从16世纪到20世纪中期,各国对海洋发展问题的关注主要集中于制海权的争夺,尤其是对海上交通要道的控制方面。[④] 有论者将这一时期称为传统海权时代。正是在这一时期,经过与西班牙、荷兰和法国等国的长期争斗,英国最终建立了一个强大的海上帝国;同样,也正是在这一时期,英国的海洋霸主地位逐渐被美国所取代。

3.3.1.1 近代早期英国人的"闭海观"

近代早期,英国人已经意识到了海洋的重要性。英国著名哲学家弗朗西斯·培根(Francis Bacon)曾指出:支配海洋的人享有巨大的自由,他对战争可任意作出或多或少的选择。沃尔特·雷利则认为:只要握有制海权,英国就永远不会被征服。[⑤] 不过当17世纪来临时,英国虽然打败了西班牙无敌舰队,但当时仍称不上是一个海洋强国。那时,荷兰的海上势力强大,被称为"海上马车夫"。

---

① 刘新华、秦仪:《海洋观演变论略》,《湖北行政学院学报》2004年第2期,第75页。

② 黄友牛、谷学海、梁东兴等:《海洋观的历史演变与海军装备的发展趋势》,《海军工程大学学报》(综合版)2005年第2期,第31页。

③ 这种划分方法参见陈虎《新海权时代》,新华网,http://news. xinhuanet. com/mil/2013 - 02/16/c_124348206. htm。

④ 刘新华、秦仪:《海洋观演变论略》,《湖北行政学院学报》2004年第2期,第76页。

⑤ 钮先钟:《西方战略思想史》,广西师范大学出版社,2003年,第372页。

1601 年,荷属东印度公司船队在马六甲拿捕了一艘葡萄牙船只(当时葡萄牙是在西班牙的统治之下),带到荷兰作为捕获品出售。西班牙表示反对,认为该公司无权拿捕。该公司请被后人称为"国际法之父"的格劳秀斯进行辩护。格劳秀斯为此写作了《捕获法论》。后经深入思考,他将该书的一编独立,即《海洋自由论》,于 1609 年完成。格劳秀斯在其中阐述的主要观点是:"每一个国家都有向任何其他国家旅行和贸易的自由";"葡萄牙人无权以发现取得对荷兰人经常航行的东印度的主权";"印度洋和在其中的航行权不认为依占领的权利属于葡萄牙";海洋不能成为私有财产。①

格劳秀斯的"海洋自由论"虽然主要是针对葡萄牙和西班牙提出来的,却引起了英国人的担忧和疑虑。因为伊丽莎白去世以后,继位的詹姆士一世并不重视海军建设,致使英国海上实力衰落。当时担任英国首席大法官一职的爱德华·库克爵士(Sir Edward Coke)抱怨道,英国与西班牙交战的时期才是它最繁荣的时期。其对伊丽莎白时代的怀念之情溢于言表。② 格劳秀斯的《海洋自由论》对海上实力并不强大的英国构成了一定的威胁。于是,英国法学家约翰·赛尔登(John Selden)于 1618 年写成了《闭海论或海洋主权论》一书,堪称反驳格劳秀斯《海洋自由论》最为系统的一本书。该书认为,海洋如同陆地一样容许领有,英国君主有权占有四周的海洋。③ 赛尔登显然是希望通过"闭海论"把荷兰等海上强国的势力排除在英国周边海域之外,但实际上英国最终是通过武力——三次英荷战争——才最大限度地保护了英国的商业利益。

3.3.1.2 海洋争霸时期英国人谋求"制海权"的观念

在 17 和 18 世纪的海外扩张中,英国建立了一个以殖民地、海军和海外贸易为支柱的三位一体的帝国体系,海洋成了把这三者联系在一起的纽带。要维护

---

① 王铁崖:《国际法引论》,北京大学出版社,1987 年,第 315－318 页。

② Paul M. Kennedy, *The Rise and Fall of British Naval Mastery*, London: Macmillan, 1983, p. 38.

③ 《闭海论》于 1635 年才得以刊行,相关情况见 http://www.haishang-law.com/Article/haishanghaishi/zuchuanhetong/201101/3632.html。

帝国体系的稳定,英国就需要加强对海洋的控制,于是便产生了"制海权"的思想。

英国著名海军战略学家菲利普·科洛姆(Philip Colomb)指出,在英国称霸海洋的年代,海洋是它的领土,海上交通线相当于其国内道路,敌国的海岸为其边界。他认为,根据审慎的历史研究,假使握有海军优势,则无海岸设防的必要;反之,若丧失海军优势,则一切要塞都不能抵抗敌方的攻击。所以,海军战争的唯一目的就是争取制海权。一旦已经获得制海权,则其他一切目的自可得来全不费工夫。[①] 另一位英国著名的海军战略学者科贝特也指出:海军战略问题都可以简化成为"水道和交通"(passage and communications)问题。他也论及制海与制陆的区别,"这与占领领土的陆军观念有相当大的差异,因为海洋不可能成为政治主权的标的。我们不可能在其上取得给养(像陆军在征服地区那样),也不能不准中立国进入。在世界政治体系之中,海洋的价值在于作为一种国家与其部分之间的交通工具。所以'制海'的意义即为交通的控制。除非是在一个纯粹海洋战争中,否则,制海永远不可能像占领领土一样,成为战争的最终目的"。科贝特认为,对海上交通的控制只有在战时才能存在,就性质而言,又可分为全面或局部,长期或暂时控制。至于说到确保控制的方法,他认为必须采取决定性的舰队行动,始能赢得"长期全面控制",不过其他的行动也还是可以获得局部及暂时控制,其中又包括各种不同方式的封锁在内。[②]

3.3.1.3 海洋霸权时期英国人的"开放海洋"观念

在 1805 年特拉法尔加海战中战胜法国以后,英国的海洋霸权地位得以建立。拿破仑战争结束以后,世界便进入了所谓"不列颠治下的和平"时期。这一时期,在海洋上一时找不到对手的英国便开始放弃近代早期的"闭海"观念,转而推销"开放海洋"的好处。英国人特别强调海洋贸易的互惠性。著名经济学家亚当·斯密问道:"什么货物能承担从伦敦到加尔各答的陆路运输成本?"只有海路

---

① 转引自钮先钟《西方战略思想史》,广西师范大学出版社,2003 年,第 378 页。
② 转引自钮先钟《西方战略思想史》,广西师范大学出版社,2003 年,第 407 - 408 页。

运输才使这一切变得可能,因为有了海路运输,"这两大城市彼此之间开展了相当规模的商业活动,通过互相提供市场,促进了彼此的工业发展"。19 世纪英国自由主义贸易的信徒还一再强调,海洋贸易带来的繁荣与稳定是国际和平的基础。① 为了展现自己改变重商主义、信仰"开放海洋"观念的诚意,英国在 1805 年废除了其他国家的船只在经过英吉利海峡时必须向英国行降旗礼的规定。这一规定是 1651 年英国为了与荷兰争夺海洋商业利益而在《航海条例》中明文确定的。这一转变明白无误地告诉世界,到了 19 世纪,随着英国海上霸权时代的到来,在英国人看来,世界上的任何一块水域都是"自由海洋"的一部分,即便是在英国家门口的英吉利海峡,那里的水域也不再为英国人所独享,它与其他任何水域一样都是"自由海洋"的一部分。从那以后,不管何时出现了多么复杂的领海问题,英国的基本立场都是主张将领海范围压缩至最窄。②

为了维护自己的利益,让海洋能够真正开放,英国人还采取了一系列其他措施。例如,在海洋勘探方面,1872 年 12 月 21 日,英国皇家海军"挑战者"号护卫舰就在爱丁堡大学教授查尔斯·威维尔·汤姆森(Charles Wyville Thomson)的带领下,开展了一次为期三年半的海洋学研究探险。这次探险为以后世界各地的海洋学家们开展同类性质的研究活动树立了标杆。③ 在打击海盗方面,1816 年,在荷兰战船的支持下,埃克斯茅斯勋爵率领的舰队对阿尔及尔的海盗的大本营进行了轰炸;1827 年纳瓦里诺海战以后,科德林顿上将率领的舰只在东地中海和爱琴海进行了相似的打击海盗活动。在促进废除非洲奴隶贸易方面,英国也走在了其他国家的前列。在废奴主义者威廉·威尔伯福斯及其追随者的努力下,英国政府在 1807 年废止了奴隶贸易,英国的多数殖民地也在 1833

---

① Geoffrey Till, *Seapower: A Guide for the Twenty-First Century*, London: Taylor & Francis e-Library, 2005, pp. 9 - 10.

② Paul M. Kennedy, *The Rise and Fall of British Naval Mastery*, London: Macmillan, 1983, pp. 163 - 164.

③ Geoffrey Till, *Seapower: A Guide for the Twenty-First Century*, London: Taylor & Francis e-Library, 2005, p. 295.

年废除了奴隶制,英国海军在执行这一规定方面做出了一定的贡献。[①]

英国之所以在这一时期推行开放海洋的政策,是因为只有海洋是开放的和自由的,作为拥有最强大海上力量的英国,才可以在海洋世界里发挥最大的作用。在海洋国际贸易领域也是如此,英国最早实现工业化,它的经济实力最为强大,对于实行自由贸易的双方来说,这种贸易关系是不平等的。对于尚未实现工业化、生产落后的弱小国家而言,轻易开放市场无异于产业自杀。而当它们想采取措施保护自己的民族产业或不愿向英国开放市场时,英国便会暴露出它的"强盗"嘴脸。例如,英国为了打开中国的市场,不惜向中国进行鸦片倾销;而当中国为了自身利益试图在国内"禁烟"时,英国就利用"坚船利炮"向中国发动了鸦片战争。

3.3.2 当代英国的综合海洋观

英国的海洋霸权在 19 世纪末便出现了衰落的迹象,经过两次世界大战的冲击,英国从一个全球性海洋大国,逐渐成了一个具有一定全球影响力的地区性海洋大国。这时,英国的海洋观也发生了嬗变,从传统海权时代只强调海洋的通道价值发展到强调海洋具有综合性价值。

3.3.2.1 更加重视海洋的资源价值

人们很早的时候便认识到了海洋的资源价值。但早期人们对此的认知停留在靠海吃海的阶段,只意识到了海洋渔业资源的存在。二战结束以后,人们逐渐意识到,占地球总面积 71% 的海洋蕴藏着远比陆地丰富得多的资源,如海洋生物资源、矿产资源、海洋能资源、化学资源、海水资源等。据估算,仅海洋生物资源就完全可以满足地球上 300 亿人口全部蛋白质的需求。在海洋矿产资源中,海洋石油的地质储量约为 3 000 亿吨,已探明的储量超过 1 300 亿吨,大约是陆

---

① Paul M. Kennedy, *The Rise and Fall of British Naval Mastery*, London: Macmillan, 1983, pp. 164 - 166.

地储量的 3 倍。从 1947 年打出第一口海底油井以来,世界上已发现海底油田近 2 000 个,开采 200 多个,年产原油六七亿吨,约占世界石油总产量的四分之一。此外,海底的矿藏也非常丰富,如按 20 世纪 80 年代世界消耗量计算,光锰结核中含有的镍就可供人类使用 2.4 万多年。① 英国作为一个陆地资源本身并不丰富的岛国,自然更加重视海洋的资源价值。英国本来是一个贫油国,所消费的石油几乎全部来自进口,因此第一次石油危机对英国经济发展和国家安全都构成了威胁。1975 年北海油田的投产改善了英国的处境;1978 年,英国北海油田的产量达 5 293 万吨,居西欧第一位;1981 年,英国的石油产量首次超过了消费量。北海油田的开发,不但使英国实现了石油自给,而且还能适量出口创汇,推动了英国经济的复苏和发展。② 也有论者指出,1982 年爆发的马岛战争所围绕的核心问题,并不是控制海上交通线。因为马岛所处的位置相对比较偏远,远离重要的海上交通线,因此从控制海洋交通线的角度说,马岛的战略意义相对有限。实际上,英国与阿根廷之间的马岛战争很大程度上是争夺马岛所属海域的海底所蕴藏的大量石油和其他资源。所以有人说,马岛之战实际上是争夺海洋资源之战。③

3.3.2.2 更加重视海洋的经济价值

在传统海权时代,海洋为英国开展海外贸易提供了通道便利。二战以后,英国人对海洋产业内涵的理解大为扩展。进入新世纪以来,英国人对海洋经济价值的认识更加全面。2011 年 9 月 19 日,英国商业、创新和技能部发布了《英国海洋产业增长战略》报告,对英国海洋产业的发展做出了战略部署。报告明确提出未来要重点发展的四大海洋产业是海洋休闲产业、海军装备产业、商贸产业和海洋可再生能源产业。以这四大类海洋产业为主的英国海洋产业增加值有望从

---

① 丁一平等编著:《世界海军史》,海潮出版社,2000 年,第 34 - 36 页。
② 王昆:《浅论北海油田的开发对英国的影响》,《科教导刊》2012 年第 1 期,第 120 页。
③ 陈虎:《新海权时代》,新华网,http://news. xinhuanet. com/mil/2013 - 02/16/c_124348206. htm。

现在的 170 亿英镑增加到 2020 年的 250 亿英镑。[①] 报告指出,创造出口机会是海洋产业成功的关键。这些机会包括对英国海军高技术平台和系统的需求,以及金砖国家日益庞大的中产阶级群体对海洋休闲活动的日益热衷。英国国内的可再生能源也将急剧扩张,预计到 2020 年,风能、波能和潮汐能等部门将可提供 8 万个就业机会。现今英国的海洋产业共计包括 5 000 多家公司,雇佣着大约 9 万人,年营业额超过 100 亿英镑,每年对国内生产总值贡献的附加值超过 35 亿英镑。[②] 为了让英国的海洋产业实现速度更快、质量更高的增长,该报告为英国海洋产业提出了六项战略任务:统一认识,为海洋产业建立品牌形象;促进海洋产业产品出口贸易,为英国经济可持续增长做出贡献;制定路线图,为政府和产业部门遴选出海洋技术和创新的投资重点;制定技能发展路线图,聚焦海洋产业长期发展需要的技能;挖掘近岸可再生能源产业的潜力,加强知识共享;研究现有和新出台的有关政策,识别出其中所蕴含的风险和机遇。[③]

3.3.2.3 在海洋安全方面强调由海制陆

英国人在重视海洋的资源和经济价值的同时,并没有忘记海洋的军事价值。冷战后,以美国为首的西方国家提出了由海制陆的观念,掌握强大制空权、制海权的一方可以依靠先进的海上作战平台和智能化武器从海上对敌岸目标发动攻击,实现由海制陆的转变。这种作战主要集中在濒海地区。现在濒海地区的战略地位日益重要,是陆、海权相互影响和激烈争夺的交汇地带。全球四分之三以上的人口、80%以上的国家首都、人口超过 100 万的 100 多个大城市的大多数都集中在距离海洋不到 1 000 公里的濒海地区,绝大部分国际贸易都在濒海地区进行,二战后的大部分局部战争与武装冲突也都发生在濒海地区。[④] 这种态势

---

① 具体情况参见李军、刘容子:《英国海洋产业增长战略及其启示》,《中国海洋报》2012 年 2 月 3 日,A4。

② UK Department for Business,Innovation and Skills,A Strategy for Growth for the UK Marine Industries,2011,pp. 6 - 9.

③ 李军、刘容子:《英国海洋产业增长战略及其启示》,《中国海洋报》2012 年 2 月 3 日,A4。

④ 刘新华、秦仪:《海洋观演变论略》,《湖北行政学院学报》2004 年第 2 期,第 77 页。

发展不可能不影响到英国的海军战略。为此,英国在冷战后推出的《海上军事学说》,越来越强调在濒海地带作战能力的极端重要性。[①] 与此同时,联合作战越来越受到重视,它强调一个军种必须了解其他军种的作战方式。濒海联合作战既为英国海上力量的发展提供了机遇,也带来了难以应对的挑战。这些军事学说都强调英国海军具有一贯的"纳尔逊式"的灵活性特征,能充分发挥主动性,最后应该能够胜任濒海作战的任务。[②]

3.3.2.4　更加重视通过制定法律加强对海洋的管理

二战以来,英国为了加强对海洋事务的管理,制定了一系列的立法。其特点是并非依靠一部综合性法规来涵盖并制约各类海洋资源的开发利用行为,而是采用分门别类、缜密而交叉的法规系统限定海洋开发行为。这些法规主要包括1949 年《海岸保护法》、1961 年《皇室地产法》、1964 年《大陆架法》、1975 年《海上石油开发法(苏格兰)》、1971 年《城乡规划法》、1971 年《防止石油污染法》、1976年《渔区法》、1981 年《渔业法》、1987 年《领海法》、1988 年《石油法》、1992 年《海洋渔业(野生生物养护)法》、1992 年《海上安全法》、1992 年《海上管道安全法令(北爱尔兰)》、1995 年《商船运输法》、2001 年《渔业法修正案(北爱尔兰)》、2009年《英国海洋法和海岸准入法》等。[③] 但是,英国这种分散性海洋管理法规体系的弊端也是非常明显的。进入新世纪后,英国正式启动了综合性海洋法的制定工作。2009 年 11 月 12 日,英国王室正式批准了《英国海洋法》。这部海洋法就英国的海洋管理组织、海洋区域划分、海洋规划、海洋许可证审批与发放、海洋自然保护、近海渔业管理、其他海洋渔业事务与淡水渔业管理、海洋执法和海岸休闲娱乐等多方面事务作出了具体的规定。它既有宏观指导性条款,也包含一些比较微观的实施措施,可操作性强;重视可持续发展原则;重视综合管理;注重生

---

① UK Ministry of Defence, British Maritime Doctrine, August 2011, pp. 13 - 14.
② UK Ministry of Defence, British Maritime Doctrine, 1999.
③ 宋国明:《英国海洋资源与产业管理》,《国土资源情报》2010 年第 4 期,第 8 页。

物多样性保护；强调公开、透明，鼓励公众参与决策管理。①

3.4 英国海洋发展的经验教训及对我国的启示

纵观数百年来英国海洋发展的历史进程及其海洋观的演变，我们可以从中总结出以下一些经验教训。这些经验教训对我国建设海洋强国也有一定的借鉴和启发意义。

3.4.1 英国政府重视海洋发展在国家大战略中的作用

没有海洋发展的成就，也就没有英国历史上的辉煌。法国海军中将拉乌尔·卡斯特（Raoul Caster）曾如此描述英国：它是一个岛国，本质上是一个海洋国家，人人都知道它的权力大厦不仅建立在本土之上，还建立在由商业、金融、殖民地、政治、银行业和农业所组成的复杂网络之上，其中海上交通是它的灵魂、神经中枢和动脉系统。② 这一描述是十分贴切的，数百年来，虽然英国的国际地位发生了诸多变迁，但英国政府重视海洋发展的态度几乎从来没有改变过。在走出中世纪的都铎王朝时期，特别是在亨利八世和伊丽莎白时代，英国把海洋发展视为提升国力的一种重要手段。此后，英国逐渐成了一个海洋立国的国家。正是凭借对海洋的利用和控制，英国登上了世界霸主的宝座，开启了"不列颠治下的和平"的新纪元。这时，海洋发展成了维持大英帝国存续的必要条件。进入20世纪，英国丧失了海洋霸主地位，英帝国也解体了，但其后的英国历届政府仍然非常重视海洋发展的作用，并将其视为维持英国全球影响力的一种主要手段。

与英国相反，虽然我国在历史上曾经有过郑和下西洋的辉煌，但总体上说历

---

① 李景光、阎季惠：《英国海洋事业的新篇章——谈 2009 年〈英国海洋法〉》，《海洋开发与管理》2010 年第 2 期，第 87-91 页。

② UK Ministry of Defence, British Maritime Doctrine, August 2011.

朝历代都不重视海洋在国家发展中的地位和作用,甚至刻意抑制海洋事业的发展。郑和下西洋的盛况刚刚过去三年,明朝皇帝就下令禁止建造远洋船只,此后又下敕令禁止保留超过两根以上桅杆的帆船。从此曾经远航过的船员只得在大运河的小船上当雇工,郑和出海用的"宝船"因搁置而烂在了海港里。尽管有各种机会与海外交际,但中国都没有抓住机会。① 在中国最后一个封建王朝——清朝统治的末期,已经强大起来的欧洲列强终于从海上强行打开了中国封闭的大门,中国从此开始了一段屈辱的历史。1842 年,正是在当年建造郑和宝船的地方,清朝同英国签订了近代以来的第一个不平等条约——《南京条约》。新中国成立以来,虽然我国重视保卫海疆的安全,但是由于严峻的国际环境,整体来看,国民的海洋意识仍然十分欠缺。改革开放以来,我国开始重视海洋发展在国家大战略中的地位,十八大报告明确提出要建设海洋强国,可谓正当其时。汲取英国海洋发展的经验教训,我国要贯彻海洋强国的理念,应该关注以下几点:第一,政府的海洋战略只有与民众的海洋意识相结合,才具有可持续性;第二,要提升海洋经济在经济总量中的比重;第三,要有一支强大的海军和海上执法力量,以维护国家的海洋权益;第四,应注重培养较强的海洋科技创新和海洋开发能力。②

3.4.2 重视在海洋发展中制定对自己有利的规则

在国际竞争中,制定规则以形成一种有利于自己的制度是一项重要的权力,在海洋发展领域也是如此。在走向崛起的过程中,一开始英国在海洋发展中处于不利的地位,其国内贸易商的实力还不足以与西班牙、荷兰等海洋强国的同行进行竞争,为此,它制定了一系列的航海条例,规定:只有英国或其殖民地所拥有、制造的船只,才可以运装英国殖民地的货物;指定某些殖民地的产品只准许

---

① 〔美〕保罗·肯尼迪:《大国的兴衰》,蒋葆英等译,中国经济出版社,1989 年,第 8 页。
② 张建刚:《2030 年中国将圆海洋强国之梦》,《环球时报》2013 年 1 月 10 日,第 14 页。

贩运到英国本土或英国其他殖民地,包括烟草、糖、棉花、靛青、毛皮等,而其他国家制造的产品,必须经由英国本土转运,不能直接运销到英国的殖民地;英国还曾经限制殖民地生产与英国本土竞争的产品,如纺织品等。这些措施在保障英国本土产业发展的同时,有效地排除了欧洲其他国家尤其是荷兰在贸易上的竞争。这是重商主义思想下的产物,在当时促进了英国的发展。[①] 为了贯彻这些法案,英国甚至不惜与荷兰开战。英国不仅重视通过国内法来维护自己的海洋利益,也十分重视制定于己有利的国际海洋规则,最为典型的就是其在霸权时期对航海自由机制的维护。在这种机制下,公海被视为不可据为己有的无主财产,沿海国家的管辖要求受到严格限制。航海自由原则常常与雨果·格劳秀斯的著作联系在一起。他在 1609 年出版的专著中论述了这个问题,意在反对葡萄牙独霸海洋的企图,捍卫荷兰的航运利益。而在实践中,该原则经常遭到背弃。只是到 19 世纪,当英国成为海洋霸主、航海自由机制与其利益高度一致的时候,这一原则才以英国强大的海上实力为后盾,得到了较好的贯彻和实行。[②] 这一时期,英国需要为其产品寻找销售市场,如果其他国家也采取当年英国采取的贸易保护主义政策,必会损害英国的利益。在这种情况下,英国转而开始推行自由主义的贸易政策,并努力将其确定为各国普遍遵守的国际规则。即使在海洋霸权衰落以后,英国仍试图利用自身残存的影响力,更多地参与国际海洋规则的制定。例如,1974 年,当美苏与海峡沿岸国家在海峡通行问题上争执不下的时候,英国提出了"过境通行制"。《联合国海洋法公约》有关海峡通行制度的规定,就是在英国提案的基础上形成的。这些规定构成了海洋法公约有关中立法的最主要内容。[③]

当前,中国仍称不上是一个海洋强国,但是中国的整体实力已不容小觑。2010 年,中国超过日本成为经济总量居世界第二位的国家。这决定了中国可以

---

① 《航海法案》,维基百科,http://zh. wikipedia. org/wiki。

② [美]罗伯特·基欧汉、约瑟夫·奈:《权力与相互依赖》,门洪华译,北京大学出版社,2002年,第 95 页。

③ 赵建文:《联合国海洋法公约对中立法的发展》,《法学研究》1997 年第 4 期,第 122 页。

在海洋事务中发挥更大的作用,注重制定对自己有利的国际海洋规则。实际上,中国自改革开放以来已经非常重视这一问题。中国自始至终参加了第三次联合国海洋法会议,是《联合国海洋法公约》的首批签字国之一;中国积极参与国际海底管理局关于《"区域"内多金属结合探矿和勘探规章》的谈判,一直作为投资国参与国际海底管理局的活动,并继法、俄、日、印之后成为第五个在联合国登记的国际海底区域开发国家,于 1999 年获得在北太平洋 7.5 万平方公里多金属结合矿的专属勘探权和优先开发权;中国全面参与了国际海洋管理的三大机构——国际海底管理局、大陆架界限委员会和国际海洋法庭。[①] 当然,《联合国海洋法公约》在解决一些问题的同时,也带来了一些新的问题。中国需要继续积极参与该公约的缔约方会议,并关注国际海洋管理和开发的新动向。

3.4.3 注重根据海洋发展形势的变化适时调整自己的对外政策

在英国人看来,没有永恒的敌人,也没有永恒的朋友,只有永恒的利益。他们在数百年的海洋发展历程中,为了永恒的利益,不断变化着自己的结盟对象,以便最有效地制约威胁英国海洋发展利益的敌人。当然,有时国际海洋事务是异常复杂的,政治家要对形势发展作出正确判断,制定有效的外交政策并不是一件容易的事情。在这方面,英国既有成功的经验,也有失败的教训。七年战争和美国独立战争就为此提供了绝佳的对比。在 1756—1763 年的七年战争中,英国大获全胜,在北美、印度和加勒比海地区都获得了大量的殖民地。这场战争基本上奠定了英帝国的基础。在七年战争结束 20 年后,英国却不得不在允许美国独立的《英美凡尔赛和约》上签字;法国通过这次战争在印度、北美和非洲取得了新的立足点;西班牙则收回了梅诺卡和佛罗里达。美国独立战争导致大英第一帝国瓦解,英国的殖民事业遭到了严重挫折。[②] 对英国来说,这两场战争的结果之

---

① 姜延迪:《国际海洋秩序与中国海洋战略研究》,博士学位论文,吉林大学,2010 年。

② 钱乘旦、许洁明:《英国通史》,上海社会科学院出版社,2002 年,第 202-203 页。

所以大为不同,一个重要的原因就是在七年战争中,英国通过与普鲁士结盟,有效地孤立了法国;而在美国独立战争中,英国自己却受到了空前的孤立。

当前,中国面临的海洋发展环境十分复杂,特别是周边海域的海洋争端非常突出,"岛礁被侵占、海域被瓜分、资源被掠夺"的局面日趋严重。[①] 在东海,1996年2月,日本政府宣布实施200海里专属经济区,把钓鱼岛也包括在内。此后,日本右翼势力在日本政府的默许和纵容下多次登上钓鱼岛宣示所谓的主权。进入21世纪以来,日本政府进一步采取措施企图强化对钓鱼岛所谓的"实际控制"。2012年9月,日本野田佳彦政府非法将钓鱼岛的部分岛屿"国有化"。在南海,菲律宾多次逮捕中国渔民、扣押中国渔船;在控制岛礁方面,越南共侵占了29个,菲律宾侵占了9个,马来西亚侵占了5个。它们还在南沙海域钻井1 000多口,大量开采油气资源,严重侵犯了中国的海洋权益。加强海上力量建设,反对将相关争端国际化是坚决维护我国海洋权益的基础措施。此外,我们也应注重在相关问题上营造有利于中国的国际环境。在东海争端问题上,应使国际社会了解中国的观点和主张。在南海问题上,中国应充分利用东盟十国在相关问题上态度的微妙差别,巧妙利用中国在经济领域的影响力,以及与东盟一些国家的传统友谊,在坚决维护自身权益的同时,尽量维护与东盟国家互利合作的大局。

3.4.4 海权与陆权相得益彰,以在国际竞争中保持游刃有余

英国是一个海洋国家,在近代以来的大多数时间里还拥有一支强大的海军,所以,人们在看待英国海洋发展取得的成就时,往往容易将其仅仅归因于英国的海权优势。如果我们仔细观察就会发现,这种想法把问题过于简单化了。事实上,只有在与合理有效的陆上战略相配合时,英国才能自如地运用其海权优势。英国海洋战略大师朱利安·科贝特(Julian S. Corbett)就曾指出:我们在谈到海

---

① 冯梁等:《中国的和平发展与海上安全环境》,世界知识出版社,2010年,第90-92页。

军战略和陆军战略时,已经习惯于将两者视为毫无共同点的两个知识领域;这样做部分是为了方便,部分是由于缺乏科学的思维习惯,而战争理论则能够揭示两者之间的密切关系,……对于一个海上帝国来讲,要取得战争胜利、发挥其特殊优势,在考虑及使用海军和陆军时必须将两者视为密切联系的工具。① 也就是说,只有做到海权与陆权相得益彰,一国才可以在国际竞争中游刃有余。当然,由于受到自然条件的制约,英国的陆上战略有时无法达到预期的效果。这也是英国在海洋竞争中后劲不足的原因之一。

与英国不同,中国是一个陆海复合型国家,从理论上讲,中国比英国有更好的条件实现海权与陆权的有效结合。但有论者指出,从近代以来的历史发展来看,陆海复合型国家在实现向海洋转型的过程中也面临着一些风险:第一,一国无论多么强大,都很难成为陆海两栖性强国;第二,双重易受伤害性,这类国家因面向陆海两个方向,因而必须面对来自陆海两个方面的压力;第三,服务于国家战略目标的资源分配容易分散,因为要照顾到海陆两个方面的利益。在现代世界历史上,边缘地带陆海复合型国家中不乏世界顶级强国的有力竞争者,但它们为此进行的努力无一例外都遭失败,拿破仑时期的法国和希特勒时期的德国都是典型的例证。② 中国要避免重蹈它们的覆辙,关键是要统筹兼顾陆权与海权,在海权与陆权之间实现合理的平衡。从历史发展来看,由于过分强调陆权,长期以来中国对海权建设有所忽视。因此,当前一段时间,中国高度重视海上力量建设,是非常合理的选择。随着"辽宁"号航空母舰正式交付海军,中国的海权建设迈入了一个新的阶段。长远来看,中国要在海上力量大发展的基础上,做好陆权与海权有效结合这篇大文章。

---

① 〔英〕朱利安·S.科贝特:《海上战略的若干原则》,仇昊译,上海人民出版社,2012年,第6-7页。

② 吴征宇:《海权与陆海复合型国家》,《世界经济与政治》2010年第2期,第39页。

4 日本海洋发展的经验教训及其现代海洋观的形成

日本作为一个海岛国家,开发利用海洋的历史悠久,形成了崇拜海洋、开拓海洋和重视海洋贸易等文化传统,养成了注重实利、敢于冒险和富有扩张性的民族性格。日本在民族成长过程中还曾深受中华文明的长期影响,并经历了长达200余年的锁国,从而产生了重视大陆的战略思维习惯,战略视野又具有自闭、狭隘的一面。这种掺杂有大陆意识的海洋观,使得日本一方面能够在西力东渐时,能够以开放的心态在亚洲率先开展明治维新,走向近代化之路;另一方面,虽然拥有与英国相类似的地缘位置,却未能成为像英国那样完全意义上的海洋国家,而首先走上了由海侵陆的大陆扩张之路。近代大陆政策和太平洋战争的失败使日本民族得到了空前惨痛、沉重的历史教训。战后,碍于冷战格局,日本只能绝大陆扩张之望,走海洋通商之路,并由此实现了经济复兴,成为世界第二经济大国。上述一败一成,促使日本重新咀嚼、品味近代一知半解的"海权论",明确了作为海洋国家的地缘政治角色。自 20 世纪 90 年代始,"海洋日本论"风行日本并政策化。日本因此形成了以扩张海洋空间、开发海洋资源、谋求国际海洋安全事务主导权为主要内容的海洋发展与安全战略构想。在 21 世纪的今天,日本的海洋观对海洋价值的重视和认识达到了前所未有的高度,与海洋相关的文化情感也空前浓厚,实施海洋扩张、参与海洋博弈的欲望也是其自二战结束以来最强的。当具有上述海洋观的日本又拥有强大的海洋综合国力时,其对未来中国走向海洋强国的挑战无疑将是长期的、巨大的。

4.1 日本海洋发展的历史脉络

作为一个四面环海的岛国,日本的发展与海洋息息相关。正如日本文化学者所言:"海洋与日本文明的关系密不可分,海之歌已经融入日本人的血液,海之惠至今仍支撑着日本人的生活。"[①]但是,日本又是历史悠久的稻作国家,并作为与中国一衣带水的邻国,曾长期仰慕中国的先进文明,大量汲取来自中国的文物制度知识。这种独特的历史经验对日本人的海洋观以及海洋实践产生了重要影响。

4.1.1 中世纪以前日本的海洋开发历史(绳文时代至 16 世纪后期)

4.1.1.1 日本渔业和海上贸易的发展

根据考古发掘证实,日本的渔业发展历史久远。在绳文时代(公元前 8000 年至公元前 2000 年),沿海的日本人主要靠捕捞和贝类采集为生,已经掌握了结网捕鱼和钓钩捕鱼技术。大约在公元前 5000 年,日本人已经开始偶尔捕杀鲸鱼。到了奈良时代(710—794 年),日本渔民中已经出现了专门的"捕鲸组"。镰仓时代(1192—1333 年),日本已经出现了专业渔村,专门从事海藻、贝类采集和鱼类捕捞,并向幕府进贡和销售。在室町时代(1333—1573 年),日本渔业已经行业化,进入离岸捕鱼阶段,形成了渔业市场。此时,日本已经开始大规模捕鲸,并掌握了比较成熟的捕鲸技术,鲸鱼产品市场化已经很普遍。

古代日本渔业的发展对于日本人认识海洋、掌握航海技术具有重要的实践意义。"鱼"和"海"成为日本人日常生活的关键词,相关生产和社会活动潜移默

---

① 酒匂敏次「海洋国家日本の存在感」、『ニューズレター』第 252 号、2011 年 2 月 5 日、http://www.sof.or.jp/news/251-300/252_3.php。

化,影响着日本民族性格的养成。最重要的是,鱼类作为基本的食物来源,无疑使日本民族更加重视海洋;捕鱼作业的艰辛和高风险也培养了大和民族的冒险精神。

日本是由无数个大小不一的岛屿组成的,这种自然条件促进了日本古代海上自然交通的发达。在《古事记》、《日本书纪》等日本历史典籍中,关于船的记述处处可见。中国古代文献《魏志·倭人传》,也曾多次记载"倭人"朝贡的历史,表明那时日本已经开辟了沿着朝鲜半岛海岸通向中国的航线。

公元 607 年,日本圣德太子派遣小野妹子出使隋朝,正式打开了与隋朝的邦交。在这个时期,日本的船舶还主要是"刳舟"即独木舟,在技术上是难以抵达中国的。因此,小野妹子所乘的朝贡船很可能是引进中国技术专门制造的。但是,当时的航海技术仍然很幼稚,航海活动中遇难者很多。所以,日本通向中国的航行像今天的宇宙飞行一样属于高风险事业。在进入唐代以后,公元 630—894 年,日本曾经向中国派遣了 18 次遣唐使船,由于造船技术仍然不够稳定,在 18 次航行中,只有 8 次平安返回。进入日本平安时代(794—1192 年)后,日本逐渐废止了遣唐使,此后与中国的官方往来逐渐断绝。到了平安时代末期,平清盛试图开拓海外通商,但是其欲掌握与宋朝贸易的野心,因源氏举兵反叛而夭折。不过,他开辟濑户内海航线和大规模建设港口等发展海上交通的功绩至今仍受到日本学者的高度评价。

此后,日本进入镰仓时代(1192—1333 年),虽然日中不再有国家层面的往来,但民间贸易开始兴盛起来。日本对宋的香料、中药、瓷器、纺织品的进口和折扇、刀剑、水银的出口规模都很大。该时期,倭寇对中国、朝鲜半岛村镇的袭击也趋于活跃。到了室町时代(1333—1573 年),足利义满开始与明朝进行勘合贸易,日中国家间贸易再度兴起。当时,足利义满一度试图垄断民间不断兴盛的对华贸易;另一方面,明王朝为了说服幕府镇压倭寇,也乐见足利义满派遣的商船,并颁发给勘合符 100 份。

随着对华贸易的发展,日本的造船技术也不断进步,到了 15 世纪,日本已经能够制造载重 1 500 石(约合 150 吨)的远洋型船舶。不过,当时帆船技术不发达,船只能待风而行,到中国往返一次需要三年之久。日本进入战国时代后,造枪技术传入了日本(1543 年),西欧文化和技术得以流入东瀛,日本的船舶制造技术和船载武器技术都有了长足的进步。为了满足国内战争巨大的财政需求,织田信长和丰臣秀吉都热心于海外贸易。尤其是丰臣秀吉通过专门颁发"朱印状",建立了外贸许可制度,将海外贸易置于政府的管理之下。这种持有官方发行"朱印状"的商船又被称为"御朱印船",活跃在辽阔的亚洲海洋上从事贸易活动。

4.1.1.2　亦盗亦商的倭寇

忽必烈在 1275 年再度派遣使节杜世忠赴日,要求日本臣服纳贡。日本不仅拒绝元朝的要求,而且斩杀了使者。于是,元朝于 1281 年出兵 14 万、战船 4 400 艘进攻日本。在战争期间,元朝战船遭遇暴风雨,大部分沉没,元军大半战死。滞留在岸上的元军企图伐木为舟撤回国内,又遭到日军的突袭。在这场战争中,日本抓获了二三万俘虏,杀死了其中的蒙古人、高丽人和来自中国北方的汉人,但留下了"江南人"作为奴隶。所谓"江南人",就是来自中国长江以南的汉人,即在数年前被元灭国的南宋子民。他们熟悉造船、航海技术,精于海上贸易,了解中国各地的物产信息。结果,日本人利用俘获的"江南人"的技术得以大举进军海外,从事海上劫掠和贸易,成为中国人切齿痛恨的倭寇。日本人因此掌握了东海周边的大量情况,开始活跃于亚洲海洋,迎来了"海洋时代"。

日本文明中的大陆性与海洋性是日本文化分别在与中国北部和南部的商贸、文化往来中形成的。古代东亚海上贸易范围分为"印度洋圈"和"中国海圈"。在印度洋,主要是伊斯兰商人在越洋贩货;在中国海,则是中国商船穿梭往来。从另一方面看,中国自古有"南船北马"之说,即中国北方以马为主要交通工具,中国南方以船为主要交通工具。其中,福建、广东等沿海地区的中国人以海洋为舞台的海洋开发活动已有千年历史。15 世纪初,明代中国在朱棣当政时期,一度有郑和下西洋的创举,表现出构建海洋帝国的动向。中国的发展格局使得日本人与中国南部沿海的民间交往总体上比与居于中国北方的政权的往来更为密切。

在漫长的古代历史上,日本人曾长期通过海洋与中国保持密切的交往。汉、唐时期,日本人主要与以长安和洛阳为中心的中国内陆地区交往;宋以后,日本以宁波为中心不断扩大与中国沿海地区的贸易文化交流。在东南亚,日本商人总是与中国"江南人"比邻而居。在长崎,中国"江南人"的唐人街的规模也比荷兰人的要大得多。在文化上,日本人把因战乱等原因迁至中国南方沿海地区的中国人视为正统,与之交往密切。日本人在抗击忽必烈时,杀害俘虏中的蒙古人和北方汉人,而独留下"江南人",侧面反映出上述日中交流对日本中国观的影响。

到13世纪蒙古帝国出现之前,中国商船一直垄断着东海贸易。自1350年开始,被称为倭寇的日本海盗开始洗劫朝鲜半岛海岸,进而经东海南下抢掠中国的华东、华南地区,并与中国海盗合流,长期威胁中国沿海地区的和平与安宁。到了16世纪末期,随着日本再度走向统一,这种来自民间的倭寇袭扰虽然陷入了低潮,但是,凭借武力统一了日本的丰臣秀吉的野心膨胀,他于1592年挑起了大规模的侵朝战争,企图占领朝鲜后进一步侵吞中国,但被中朝联军所挫败。不过,也就在16世纪倭寇最为肆虐的时期,葡萄牙人和西班牙人把触角伸到了中国。

4.1.1.3　海洋开发对日本国家发展的影响

悠久的渔业史和海运史对日本国家发展产生了如下三个方面的重要影响:一是使日本民族对海洋价值的认识比较深刻。这种深刻认识是日本作为国家重视海洋战略价值的基础和前提。二是使得日本民族具有比较开阔的地理视野。这种视野的开阔性对近代日本及时认清世界形势的变化、调整国家发展方向具有重要意义。三是使得日本具有了一定的征服海洋、越海扩张的意识和能力。这种意识和能力与日本后来产生大陆扩张野心,并在近代付诸实践有着较强的关联。

4.1.2 近世日本开发海洋的历史(17—19 世纪中期)

4.1.2.1 日本渔业和造船业的发展

日本在江户时代(1603—1867 年)就出现了远洋渔业,大规模拖网捕鱼技术已经普及到全国,开辟的渔场空前广大。同时,由于掌握了更先进的航海技术,日本的远洋能力也明显提高。德川家康也同样鼓励海上贸易,并利用荷兰技师建造了两艘日本最早的西洋帆船。其中的一艘赠送马尼拉总督,并经过三个月的航行于 1609 年安全抵达墨西哥。商人田中胜介携带德川的亲笔书信和宝物随船前往,创下了日本人首次横跨太平洋的历史记录。造船业的发展和渔业的远洋化为日本在锁国条件下与中国、荷兰进行海上贸易,大力发展国内贸易,并逐渐形成统一的国内市场提供了客观条件。

4.1.2.2 日本海上贸易的曲折发展

在江户时代,德川幕府推行严格的锁国政策。在 220 年间,日本基本处于与海外隔绝的时代,仅开放长崎作为"出岛",只允许中国和荷兰的船舶入港。"出岛"贸易因此成为日本与海外联系的唯一通道。在日本锁国时代,虽然海外联系严重受限,但国内海上贸易出现了前所未有的繁荣,并出现了定期航班"廻船"。经过太平洋一侧航路联系大阪与江户的"菱垣廻船"、经由日本海和濑户内海联系北海道和大阪的"北前船"等定期航班承担着国内贸易展开的主责,有时还经营客运。这些"廻船"业主是日本最早的定期航班经营者。在此之前,日本商人都使用自己的船舶运送所销售货物,自己承担运输风险。"廻船"的出现使得商人不必再自己置办船只,只要支付运费就可以把货物运送到自己希望到的地方。日本自此在世界上最早实现了货主和海运业的分离。当时充当"廻船"的船舶被称为"弁才船",是近世至近代日式船舶的标准样式。虽然只装有一片横帆,但帆、舵操作灵活,可以在横风、逆风条件下航行,而且随着不断改进速度不断提升。这么强劲的运力,对江户时代经济文化的发展发挥了很大支撑作用。正是在江户时期,日本形成了比较完善、稳定的市场和海上贸易规则,而经商传统和习惯规则的养成为日本在近代顺利进入世界贸易圈发挥了积极作用。

嘉永六年(1853年),美国柏利准将率领太平洋分舰队闯入日本浦贺港,日本因此结束持续了220年的锁国历史,走向明治维新。明治新政府在推翻幕府统治的斗争中,打出了"文明开化"的旗帜,主张学习欧美,变革文物制度,积极鼓励海外贸易。不过,在斗争中,明治新政府首先面临的问题之一就是如何运送全国的贡米:当时的西洋式帆船几乎变成了幕府和各藩掌控的军舰,日本式帆船运力十分有限。在这种情况下,明治新政府只好依赖美国的巴菲克·迈尔公司运输贡米,听凭其趁机垄断日本沿岸海上运输,并企图借助其力量和经验把日本海运向外国航线拓展。

4.1.2.3　海洋开发的曲折发展对日本国家发展的影响

德川幕府长期推行的锁国政策对日本的国家发展产生了三个方面的影响:一是锁国政策使日本四面环海却"背向大海",打断了日本在德川幕府之前出现的向海洋发展的势头,客观上推迟了日本了解世界、及时吸收欧美文明、促进发展的进程;二是锁国政策所留下的唯一窗口(与荷兰的贸易交往),为日本近代在心理上和技术上比中国更早融入世界贸易圈、进入近代工业社会提供了有利条件;三是锁国政策促使日本民族性格内向化,形成了战略心胸狭隘、排斥异族等"岛国根性",而这种"岛国根性"对后世日本的战略思维和行为具有重要影响。

4.1.3　近现代日本的海洋扩张

4.1.3.1　幕末时期日本海洋国家意识的觉醒

18世纪末至19世纪中期,随着欧美列强在东亚海域的殖民活动逐渐增多,封闭性的古代东亚地缘政治体系被欧美列强的坚船利炮击成碎片,日本面临的地缘政治环境为之一变,日本幕府的锁国政策逐渐松懈,战略视野却骤然开阔,海洋意识明显增强。

　　日本海防论的先驱林子平明确把日本定位为"海国",并著作《海国兵谈》,提出了"开锁国,放海禁,加强海防"。指出"海国必须拥有相称的武备。首先,应明了海国既有容易遭受外敌入侵的弱点,也有易于御敌于国门之外的长处。说到其弱点是由于入侵者若乘军舰并顺风,会在极短的时间内顺利抵达日本。日本若无防备,便难以抵挡。为御敌于国门之外,需依仗海战。此即海防战略之独特之处"。幕末日本的思想家横井小楠不仅精于海防,而且看到了发展海洋事业对日本国家兴盛的极端重要性,所提出的开拓海洋的主张具有初步的海权论性质,他因此被视为日本版海权论的先驱。他在其名著《国是三论》中认真总结了世界各国发展海运与否的经验教训,就海运和海军的发展有精辟论述,指出,"中国面临大海,文物制度久已发达,人民所需无一不足……因此,上至朝廷,下至百姓,有自傲自大之风,不愿主动求市场与知识于海外。终于沦落到受他国侵略的地步","欧洲面积小,物产寡,故必须求助他国。为此,欧洲各国自然努力发展航海力量……尤其英国乃欧洲西部一隅之孤岛,因此,更重视发展航海事业,扩大殖民地以实现国家之富强"。他还进一步认为,日本作为岛国的地理特征,如果靠陆战守卫,让敌人"横行日本近海,阻碍日本海运,切断日本全国的退路",日本将"不待开战即已溃败",因此"日本必须大力发展海军"。[1]

　　当然,日本战略文化及思维中具有浓厚的大陆扩张的历史积淀,使得日本与英国、荷兰等传统海洋国家相比,海洋立国意识总是不充分的,始终夹杂着大陆国家的思维和成为大陆国家的冲动。例如,幕府末年"海外雄飞论"的代表人物佐藤信渊曾为日本提出北侵、"南进"两大侵略扩张方向。他一方面认为"在当今世界万国之中,皇国易于攻取之地,莫如中国之满洲","其地与我日本隔水相对800余里,顺风举帆,一日夜便可至其南岸。而中国之衰微也必当从取得满洲开始",如此"朝鲜、中国次第可图也"。[2] 另一方面,又鼓吹"攻取吕宋、巴剌卧亚","以此二地为图南之基,进而出舶,经营爪哇、渤泥以南诸岛,或结和亲以收互市

────────────

　　① 杜小军:《近代日本的海权意识》,南开大学日本研究中心编:《日本研究论集》(总第七集),天津人民出版社,2002年,第261-262页。
　　② 安藤昌益『日本思想大系 45』、岩波書店、1977年版、第426ページ。

之利,或遣舟师以兼其弱,于其要害之地置兵卒,更张国威"。① 其后,曾被明治政府很多政治家奉为师表的吉田松阴又在 1855 年提出"得失互偿"理论,主张日本用侵略亚洲海陆邻国之得,弥补列强压迫日本之失,并建议"北则割据满洲之地,南则占领台湾、吕宋诸岛……"佐藤信渊、吉田松阴的上述主张,明显折射出日本海洋观的不彻底性、地缘政治意识的双重性和内在的矛盾性。

4.1.3.2 近代日本的海洋扩张

4.1.3.2.1 日本的海洋开发与海外贸易扩张

锁国 200 余年的日本一旦醒来,沉睡在日本民族意识深处的海洋精神很快被激活。明治政府一改幕府在海运发展上的保守立场,大力加强海运业发展。从明治末年到大正初期,日本海运在国家支持下不断发展,仅用 40 年时间就确立了世界一流海运国家的地位。在这 40 年间,日本经过甲午战争、日俄战争,在扩充军备过程中航运能力得到巨大发展,造船业基础空前巩固,国际航线的大部分船舶都可以在国内建造。第一次世界大战爆发后,日本海运业抓住了天赐良机,获得了空前的大发展。但是,第二次世界大战使日本海运业又盛极而衰,成为军国主义的陪葬品。

第一次世界大战爆发后,由于欧洲各参战国商船被征用后多被击沉,需要大量进口物资,购买和租用非交战国的船舶,日本造船业和海运业因此大发横财。由于英美商船被迫集中于大西洋一侧从事战时运输,日本船舶得以垄断了太平洋航线。如此一来,经过第一次世界大战,世界海运地图发生大变。日本因此一跃成为船舶总吨位仅次于英美的世界第三大海运国。

繁忙的海运背后是日本海上贸易的急剧膨胀。大战期间,日本海上贸易量急剧增加,积累了大量资本。1914—1920 年的 6 年间,日本从背负 10.9 亿日元债务的国家变为拥有 27.2 亿日元的债权国。② 日本报纸甚至叫嚷:"钱太多了

---

① 大畑笃四郎『大陸政策論の史的考察』,『国際法外交雑誌』,第 68 卷、第 4 号、第 24 - 45 ページ。

② [日]升味准之辅:《日本政治史》(二),董果梁译,商务印书馆,1997 年,第 504 页。

头疼。"①到第一次世界大战结束时,日本已不再为资本短缺和寻求市场而发愁,而是"纸醉金迷,在做太平洋领袖之梦了"②。

第二次世界大战爆发后,日本于 1942 年发布战时航运管理令,并成立船运协会,代表政府管理征用船舶及其航运,将日本商船队直接置于国家管理之下,服务于战争需要。结果,很多忙碌的国际定期航线被关闭,战前活跃称霸于太平洋航线的日本商船队驶向了海上战场,承受被击沉的命运。战争期间,日本船员伤亡达 30 592 人,在明治—大正期间发展起来的庞大商船队遭到了毁灭性打击。战败之后,负责管理日本船舶及其航运的船运协会所能承担的第一项工作也就是运送 660 万从侵略地撤回的日本人。由于运力十分有限,日本不得不从美国租借 200 艘船。1950 年,战时为虎作伥的日本船运协会被解散,船舶被返还给船主,船运业重新回归了民营地位。

4.1.3.2.2 日本的海洋扩张实践

在"黑船事件"发生后,欧美列强纷至沓来,相继强迫日本签订不平等条约,企图把日本殖民化。面对民族危机,日本开始推行明治维新,走上了通过海外军事扩张谋求国家发展的道路。1868 年 3 月,明治天皇发布御笔信宣称:"朕安抚尔等亿兆,终欲开拓万里波涛,布国威于四方,置天下于富岳(富士山)。"③正是在这种背景下,日本提出了以侵略中、朝为主要目标的"大陆政策",企图以海制陆,侵占朝鲜半岛、中国乃至整个亚洲,并把建设海军作为"第一要务"。但是,日本发展海军和推行海洋扩张政策的出发点并不像传统海洋国家英国那样主要是为了控制海洋贸易通道,而是把海军作为其大陆扩张政策的重要工具,基本目标是消灭北洋海军,夺取中国周边近海制海权,为陆军侵略中国做铺垫。

1894 年,日本海军击败中国海军,打赢甲午战争并迫使中国签订《马关条约》,割据中国台湾及澎湖列岛等附属岛屿。日本控制了台湾海峡,并因此获得

---

① 平间洋一『日英同盟——同盟の選択と国家の盛衰』、PHP 研究所、2000 年版、第 123 - 124 ページ。

② 平间洋一『日英同盟——同盟の選択と国家の盛衰』、PHP 研究所、2000 年版、第 116 ページ。

③ 吴廷璆主编:《日本史》,南开大学出版社,1994 年,第 370 - 371 页。

了"南进"扩大海洋侵略的战略跳板。但是，在甲午战争之后，日本慑于英国强大的海上实力并未进一步南侵，而是在大陆扩张意识的主导下，与自西伯利亚南下控制中国东北的沙俄发生了激烈较量，并于 1902 年结成日英同盟，在英国海洋霸权的支持下，发动日俄战争，歼灭了俄远东舰队和波罗的海舰队，打败了沙俄。

日俄战争胜利后，日本已拥有远东第一大海军，通过日英同盟与英国海军联手控制了自黄海、渤海至中国南海的辽阔海域。但是，此前美国以美西战争为标志，也吹响了向西太平洋进军的号角。美日在西太平洋的海洋霸权竞争和对中国的争夺愈演愈烈。1914 年第一次世界大战爆发后，日本海军歼灭德国远东舰队，夺取了德国在太平洋的属地，走上了与美国在太平洋争霸的道路。大战结束后，美国控制着夏威夷、阿留申群岛、关岛和菲律宾，日本则将德国在太平洋的殖民地连同海军基地全部纳入囊中——美日在战略态势上已成犬牙交错之势；同时，日本独占中国的野心通过"二十一条"大白于天下，美国则以"门户开放"政策予以牵制——日美在太平洋和中国的战略对立逐步扩大和尖锐化。

20 世纪二三十年代，日本的海洋观是非常混乱的，而且在一步步失去理性。"南进"的叫嚣和征服"支那"的诳语交织在一起，演绎着军国主义的疯狂。在实践中，日本挑起"九一八"事变侵占中国东北全境后，又于 1937 年发动全面侵华战争。日美矛盾因为争夺中国而不断激化。在遭到美国的制裁后，日本又于 1939 年"南进"，3 月宣布对南太平洋诸岛的领土要求，4 月宣布占领南海诸岛。1940 年 8 月，日本政府提出"大东亚共荣圈"计划。这个"共荣圈"不仅包括其长期觊觎的东亚大陆以及今天的东南亚地区，还要控制东经 90 度到东经 180 度之间、南纬 10 度以北，从印度洋西部到太平洋中部的辽阔海域。[①] 此时，日本的海洋扩张意识同大陆扩张意识一样呈极度癫狂状态。1941 年 6 月，日本内阁次官会议决定将每年 7 月 20 日定为"海之纪念日"，"以向国民普及宣传海洋思想，推

---

① 王屏：《近代日本的亚细亚主义》，商务印书馆，2004 年，第 287 页。

动皇国发展"。① 1941 年 12 月,日本偷袭珍珠港,拉开了与美海上决战的帷幕。
"为从海洋方向打开时局",动员国民和船舶奔赴太平洋战场,1942 年 12 月,日
本大政翼赞会将《奔赴大海》指定为地位仅次于国歌的"国民歌曲",在学生兵出
征时齐唱。而日本海军在袭击珍珠港得手后,"南进"一度势如破竹,几乎使日本
在幕末时期就畅想的陆海扩张之梦变为现实。

4.1.3.3　现代日本海洋扩张的再出发

4.1.3.3.1　大陆扩张政策的终结和海洋贸易立国的确立

第二次世界大战的战败给日本的大陆扩张政策以毁灭性打击。中国在大战
中的胜利和独立自主地位的恢复,也使得日本重走大陆扩张老路成为不可能。
作为战败国,日本被迫接受战胜国美国主导制定的"和平宪法",放弃战争权和发
展军队的权利,选择"轻军备,重经济"的发展路线,走向了比较单纯的海洋贸易
立国之路。

基于上述发展路线,战后日本在经济重建中像近代建设海军那样,把发展海
运业作为第一要务。在 20 世纪 50 年代,日本政府接连出台"造船奖励法"、"航
海奖励法"等 30 多部海运业法规。为了保持强大的造船和海运实力,日本政府
不仅制订了周期性造船计划,而且长期为造船业和海运业提供优惠贷款和利息
补贴。1947—1980 年,日本共实施了 36 次造船计划,提供优惠贷款达 26 000 亿
日元,利息补贴超过 3 000 亿日元。② 由于国家的大力支持,日本海运业得以迅
速恢复和发展。到 1956 年,仅用 10 年时间日本就超过垄断世界造船第一宝座
100 年的英国,成为世界第一造船大国;到 2006 年,日本年造船量达 1 800 万吨;
截至 2011 年,日本商船队总吨位仍超过 20 000 万吨,在世界名列第二。目前,
日本商船队掌控着石油、铁矿石等能源,大宗工业原材料海上运输的定价权。

在强大的海运能力的支撑下,战后日本海上贸易获得了空前大发展。由于

---

① 日本内阁『「海の記念日」制定ノ件』、内阁阁甲第 207 號、アジア歴史資料センター、
http://www.jacar.go.jp/search/search_frame.html。

② 徐华:《日韩造船业的危机对策》,《中国船检》2009 年第 1 期,第 14 - 17 页。

日本是四面环海的岛国,贸易发展得以充分利用海运价格低廉带来的成本优势。日本因此抓住 20 世纪 70 年代之前石油、铁矿石等资源国际价格低廉的有利条件,充分发挥海洋经济的优势,确立了"以加工贸易立国"的发展战略,极大促进了本国经济的恢复和发展。到 1955 年,曾在战争中满目疮痍的日本,国民生产总值就已超过了战前最高记录。到 20 世纪 70 年代初,日本已经成为世界第二经济大国。在 21 世纪的今天,日本经济规模虽然由于中国的崛起相对下降到世界第三位,但仍然是世界经济中举足轻重的海洋贸易大国。比如,日本每年进口 1.38 亿吨铁矿石,占全球该货种海运量的 13%;消耗 1.24 亿吨煤,占全球海运量的 18%。

4.1.3.3.2 21 世纪日本的海洋扩张战略的再度确立

进入 21 世纪后,日本逐步适应两极格局瓦解、《联合国海洋法公约》生效后国际海上战略环境的变化,形成新的扩张性的海洋战略。

2007 年 7 月,日本海洋法规中的"宪法"——《海洋基本法》正式实施;翌年 4 月,日本政府依据《海洋基本法》正式颁布《海洋基本计划》。上述法律、计划的出台标志着日本海洋安全战略基本成型。其基本内涵是:以提升日本的政治大国、海洋大国地位为根本目的,以维护和拓展海洋资源空间、确保海上交通线安全为直接目标,以牵制阻挠中国战略崛起和走向海洋为着眼点,以强化日本海上武装力量发展及自主运用为重点,以日美同盟架构下的国际海权合作为支点。

提出多元化、扩张性的战略目标。21 世纪初,日本的海洋安全政策目标多元化,存在一个跨越传统、非传统安全领域的目标体系。日本政府 2008 年 3 月颁布的《海洋基本计划》把本国安全目标分为"维护和平与安全"与"应对海洋自然灾害"两大类。[1] 前者主要包括保护"海洋权益(包括保护日本岛屿领土、管辖

---

[1] 2008 年 3 月,日本政府依据《海洋基本法》制定了第一个《海洋基本计划》。该计划就海洋安全政策作出如下规定:① 维护周边海域秩序。加强海上力量,建立海上紧急出动体制,防止海上犯罪,维护至马六甲一线的海上交通安全,实施海上反恐,遏制大规模杀伤性武器海上运输等。② 维护海上交通安全。加强国际合作,维护至马六甲一线的交通安全,强化海上救难机制。③ 增强海洋灾害预报、救灾能力。④ 监视外国军舰活动。⑤ 保护开发离岛。

海域、航行自由等)"与维护"海洋秩序(主要包括反偷渡、走私,维护航行秩序,防止不明船只和周边国家军舰、飞机侵入,管控大规模杀伤性武器扩散等)"。后者主要包括保护海洋环境、应对地震海啸等海洋自然灾害。① 事实上,该战略作为国家安全战略的一部分,还存在其他更具根本性的目标诉求,包括:主导国际海洋安全秩序,尤其是太平洋安全架构的构建、提升日本在国际政治尤其是海洋地缘政治中的地位等等。可以说,《海洋基本法》所规定的安全政策,明显超出了日本防卫政策一贯标榜的"专守防卫"原则,体现出日本海洋安全战略的扩张本质。

建立海上安全战略一元化的指导体制。2007 年 7 月,日本政府设立了以首相为本部长的"综合海洋政策本部",负责制定海洋基本计划,遂行有关专属经济区、大陆架开发与保护等多项决策。由于日本首相同时又是日本安全战略的最后决策者和海上武装力量的最高领导者,"综合海洋政策本部"的设立标志着日本彻底解决了海洋政策部门、海上安全管理部门条块分割的现状,形成了制定、实施海洋安全战略的综合指导能力。

构建多功能制海型海上武装力量。随着战略目标走向多元化、扩张性,日本海上武装力量建设开始从强调"多功能"和"弹性"、建设出发点以国土防御为基点的专守防卫,调整为谋求对周边海洋乃至远海的控制。作为制海核心力量的海上自卫队因此成为自卫队三军的发展重点。十几年来,日本自卫队实施"质量求强"的建设方针,整体压缩人员和编制规模。但海上自卫队在其他两个军种裁员的情况下,编制人数不减反增。舰艇总数略减,但总吨位和技术水平持续上升,装备的大型化、远洋化、高技术化速度非常快。而且,日本还极力发展可以改装为航母的大型运输舰,2009 年干脆推出万吨级的直升机航母"日向"号。一些国际媒体甚至认为,日本现在拥有世界排名第二的海上舰队和海上巡逻机部队,已经具备了一支"大洋海军"所拥有的战斗力,作战能力甚至超过了俄国海军。② 为确保能够应对多种"威胁",日本还大力发展准军事力量——海上保安厅部队。

---

① 日本内閣『海洋基本计画』、平成 20 年 3 月、www.kantei.go.jp/jp/singi/kaiyou/kihonkeikaku/。

② 郑权铉:《日本海军以世界第二自诩,俄罗斯加快装备战略核潜艇》,《朝鲜日报》2007 年 5 月 26 日。

2000—2010年,海上保安厅人员以每年150人的速度递增,编制员额已从初建时的8 000人发展到12 300多人。装备加速向大型多用途和远程高速化方向发展,已拥有各种用途的巡视船510余艘、飞机74架,其中最大的"敷岛"级巡视船吨位7 175吨,航速25节,续航能力达2万海里,搭载2架"美洲豹"直升机,是世界最大的海保巡视船。新一代远程快速高性能大型海洋测量船"拓洋"号排水量2 481吨,续航能力1万海里以上。

强调综合运用多种手段达成目标。自冷战后期提出综合安全保障战略之后,日本就逐步形成了综合运用多种手段维护国家安全利益的战略套路。21世纪初的日本海洋安全政策的构建仍会延续这一思路,并不完全靠军事力量及手段解决安全问题,而是通过发展并综合运用军事、外交、法律、文化等多种手段,达成其战略目标。近年来,日本在加强海上自卫队建设和海外运用的同时,也非常注重外交、法律等手段的相互灵活配合。2007年7月正式实施的《海洋基本法》,对日本有关海洋开发、科研、环保、安全等方面作了系统的规定。其中规定:"海洋的开发、利用、保护必须综合施策,一体实施。"(第6条)更需要指出的是,近年来,日本在实施海上安全战略时越发强调军事和准军事手段的运用,增强军事战略的地位和支撑功能日益成为日本海洋安全战略最突出的特征。据日本媒体的总结,多年来日本防卫省的基本套路是,每逢国际形势有所紧张,都叫嚷"有事";每次强调"有事",都借机扩大海上自卫队的行动自由。

4.2 日本海洋发展的历史经验教训

日本海洋发展既有其历史合理性,积累了丰富的历史经验,也曾因侵略扩张的失败,留下了不少教训。不过,第二次世界大战结束以来,日本更多地以现实主义的态度看待历史经验和教训,转而强调海洋立国,企图利用海洋优势,联合所谓"海洋国家",重振日本的大国地位。

4.2.1　终止锁国，面向海洋，极大推动了日本的发展进程

在德川幕府锁国 200 多年间，日本执政者的思维仍沿袭了朝贡思想。日本文明处于一种空前内向的内部发酵期，主要是消化此前从中国吸收的儒教文化和佛教文化，经过封闭式的发酵酝酿，形成了今天的"和文化"。因此，当西方文明在鸦片战争的炮火中大举侵入时，绝大部分日本人的反应如同梦中被猝然惊醒，与中国人一样一度陷入彷徨和惊慌之中。但是，日本上下毕竟比中国更早做出了更清醒、更一致的反应，开始了自上而下轰轰烈烈的明治维新。

日本明治维新的本质是"脱亚入欧"，即在文化上远离中国等亚洲文化，以最快的速度汲取欧美文明。而近代日本对欧美文化的汲取，也颇具鲸鱼的智慧。海洋中鲸鱼在进食时，常常先张大嘴巴连海水、藻类、鱼类一并吞入，然后吐出海水、藻类，用牙齿作篦子，蓖下鱼虾果腹。日本在西化过程中，虽然看起来文化输入的速度之快、规模之大，有"生吞活剥"之嫌，但实际上仍有所选择，借鉴更多的是欧美发展坚船利炮、利用海军推行殖民主义的经验。从历史角度看，这种急功近利式的、有选择的文化汲取，一方面部分激活了日本民族在德川幕府之前就具有的海洋性、开放性，大大推动了日本的近代化进程，促使日本走向了富国强兵之路，并一度成就其亚洲海洋霸主地位；另一方面，又使得日本的封建性、大陆扩张思想得以留存，并随着国力的发展而变成现实的国策，为后来日本走向军国主义不归路埋下了祸根。

4.2.2　侵略性的海洋观和地缘认同的困惑

近代日本在明治维新过程中，一方面艳羡成为世界海洋霸主的英国，期望建立"海岛帝国"；另一方面，面对辽阔的中国，日本民族在心灵深处又存在深深的自卑感和野心，渴望鸠占鹊巢，通过侵华成为能够"自存自立"的大陆国家。这种地缘自我认同的困惑，成为近代日本国策长期为"陆主海从"、"海主陆从"争论不

休的主观根源。在近代对外扩张实践中，日本陆军和海军长期围绕战略重点是向中国陆地还是南洋进攻相互扯皮。到20世纪30年代后期，日本当权者面对陆海军的"北进"与"南进"之争，不是择其一，而是"和稀泥"，干脆"南北并进"。

在近代国际关系中，欧美海洋扩张虽然具有侵略性，但从成本计，仍主要以商业扩张为常用手段。海军大多用于控制海上商道，在商业扩张遭遇强烈抵制时以压服对方。英美的海洋观以"海洋自由"为关键词，在和平时期并不阻断他国的航行自由和商业贸易。与欧美这种海洋观相比，日本的海洋观本质上更具有侵略性和独占性，一旦控制某个商道和地区，就行垄断之实。所以，在第二次世界大战之前，英国海军虽然控制了东南亚以及从东南亚到印度洋的辽阔海域，但日本商船队照样可以穿梭往来，并与东南亚开展贸易；而日本一旦南侵，则欧美各国的航行和贸易"自由"尽失。在明治和大正时期，日本慑于英美海权的强大，在海洋扩张上尚对欧美留有余地，比如在1895年占领澎湖列岛之后，即马上发表声明宣布台湾海峡航行自由。但是，到了昭和时期，日本海洋观的垄断本性逐渐流露，最终在20世纪30年代大爆发，走上了与英美为敌的道路。这种陆海双向扩张严重违背了战略集中原则，导致日本四面树敌，国力无法支撑。因此，日本军国主义在1939年南侵之后，仅五六年时间就走向了覆亡。

4.2.3 面向海洋成就其世界经济大国地位

在近代，欧洲列强均以贸易和军事为立足支柱，主要通过扩大殖民地经营积累财富，成功实现国家的发展。在这个时代，曾长期背向大海执行锁国政策的日本，迅速向海洋国家转舵，在亚洲率先实现了国家的近代化和富国强兵，但因战略上的侵略性和扩张性，在陆海两个方向大肆扩张而败北。从主观角度看，第二次世界大战结束后，长期执政的日本保守势力，虽未深刻反省曾经发动的侵略战争，但对陆海双向扩张的失败有所检讨，从而选择了贸易立国、海洋立国之路。这样使得日本得以充分利用世界资源、市场和科学技术实现本民族的发展，同时为日本节约军备开支、集中精力发展经济提供了极为有利的条件。日本的经济发展因此获得了近代依靠强兵未能彻底实现的真正的国富。

4.3　日本现代海洋观的形成

4.3.1　"大陆"情结、岛国根性与海洋文化传统

分析日本的现代海洋观,必须关注到三个历史因素,即"大陆"情结、岛国根性与海洋文化传统。

在近代,尽管日本是亚洲最早提出海洋立国思想的国家,但这种观念始终受到传统大陆扩张思想的干扰和制约,使得日本的地缘战略思维长期处于分裂和矛盾状态。战后,国内外形势的根本性变化,使得大陆扩张观彻底成为历史,"海洋立国"思想得以逐渐成为日本战略文化的主流思想。但是,在日本海洋观的深处,一衣带水的彼岸大陆始终是其挥之不去的存在。因此,日本在强调"海洋立国"的同时,叫嚷制衡中国的同时,却难以掩饰战略思维深处的大陆"情结"。同时,德川幕府 200 多年的锁国文化传统所形成的岛国根性,使得日本在看待国际海洋局势、思考海洋战略问题时,总是存在狭隘、偏颇甚至偏执的一面。

日本在漫长的历史中形成了亲近大海、以大海为生计的海洋文化传统。在第二次世界大战后,日本政府有意识地维护和发扬了这一传统,不仅专门设立了"大海日",而且把海洋文化传承作为国家教育的必修内容。当前,亲海、近海已经深深融入日本的民族意识。这种普遍存在的社会意识为日本现代海洋观的社会化、政治化、政策化提供了极为有利的条件。

4.3.2　马汉的海权论与近代日本的海岛帝国思想

1890 年,美国海军军事学院海军史专家马汉出版了《制海权对 1660 年至 1783 年历史的影响》,此后又在 1893 年、1905 年、1911 年相继出版了《制海权对

1793 年至 1812 年法国革命和法帝国历史的影响》《制海权与 1812 年战争的关系》《海军战略》等著作,不断为美国海军吹响海洋扩张的号角。马汉倡导的"海权论"很快风靡世界。美国以马汉的"海权论"为导引,通过美西战争拉开了向西太平洋大举扩张的帷幕,成为日本夺取远东海洋霸权的"远虑"。同时,在欧美列强中,"大海军主义"开始盛行,掀起了新一轮海军军备竞赛和海洋扩张浪潮。国际形势的变化使海军在日本整体扩张战略中的地位提高了。1896 年,几乎囊括了日本政界精英人物的"东邦协会"全文翻译出版了《海上权力史论》。该会会长副岛种臣在译著序言中写道:"我国(日本),乃海国也。"如果熟读马汉著作,掌握了"制海权",日本即可支配太平洋通商,控制海洋,击败敌人。[1] 该著作迅速在日本掀起了一股"海权风"。日本政府对马汉之说非常推崇,甚至试图高薪聘马汉为日本海军的特别顾问,后遭拒绝而未成。

在马汉的影响下,曾奉命留学于英美、专攻国防政策的日本海军军官佐藤铁太郎(后官至海军中将)于 1902 年撰写了《帝国国防史论》,提出"海岛帝国"论,强调日本同英国一样是岛国,"当今帝国(日本)面临世界性发展机遇,而要实现世界性发展必赖于向海洋发展"。[2] 佐藤还反对日本陆军向大陆扩张的战略,认为那样势必与俄国发生对峙局面,并引发中国、朝鲜的民族主义情绪,最终将因争夺市场招致与英美的冲突。[3] 在陆海军运用上,佐藤认为,海军的意义在于守卫岛国、保卫通商,"海岛帝国的国防应以海军为主力",以海军在海上击破海上入侵之敌即可充分达成国防目的,陆军只须处理海军作战时的漏网之鱼即可。佐藤的主张一度在日本影响很大,日本舆论认为:"我国国防自中世以后长期流行陆主海从之风,世人已习以为常,此帝国国防论的发表使海主陆从论得以勃兴。"该著作因此被日本海军省上呈天皇御览,成为日本推行"大海军主义"、实施对外扩张的理论工具。

---

[1] 平间洋一『マハンが日本海軍に与えた影響』、http://www.bea.hi-ho.ne.jp/hirama/yh_ronbun_senryaku.html。

[2] 角田順『満州問題と国防方針』、原書房、1967 年版、第 649-650 ページ。

[3] 修斌:《日本海洋战略研究的动向》,《日本学刊》2005 年第 2 期,第 41-49 页。

　　佐藤铁太郎的"海岛帝国"论与幕末时期林子平、横井小楠等人的论述相比，于日本而言更具有现实意义，而且在日本社会上也引起了比较广泛的共鸣。1910 年，"南进论"著名人士竹越与三郎出版《南国记》，声言日本"作为岛国而向大陆用力发展是不利的"，"我之未来不在北而在南，不在大陆而在海洋。日本人民应加以注意的，是将太平洋变成自家湖沼之大业"。[1] 但是，在整个 20 世纪上半叶，日本的海洋观并没有摆脱大陆情结的牵制。自 20 世纪 20 年代开始，佐藤等人以海洋扩张为主的观点遭到了田中义一、宇垣一成、石原莞尔等日本陆军将领和陆军出身的政治家的强烈批判。他们声称："主张放弃满洲、朝鲜，俨然要推翻帝国的国策……真是奇怪之至"；"统治我自给经济的范围（主要是中国），并对此倾注国家精力是国防的本义"；"'如果是岛国就以海为主'等外行言论是误国论，'因为日本是海国，所以国防必须以海为主'是错误的言论"。上述两种观念斗争的结果不是非此即彼，而是最终导致日本军国主义走上陆海全面扩张的绝路。

　　当然，佐藤的"海岛帝国论"之所以在实践上归于失败还在于其理论的局限性。首先，佐藤的海洋立国主张虽然符合当时的国际潮流，却超越了日本发展的历史节奏。他的理论是在总结资本主义生产关系和生产力比较发达的欧美国家国防历史经验教训的基础上构建的。这些理论对当时的英美等国而言算不上先进，而对当时的日本显得过于先进。在 19 世纪末 20 世纪初，日本仍然是一个半封建国家，其发达仅仅是相对于亚洲邻国而言，而在欧美社会，日本出产的工业品还被作为劣质品的代名词，竞争力很弱。即使在中国等亚洲市场，日本纱布的市场竞争力不仅难以与欧美产品相比，甚至时常被中国民族企业的产品击败。因此，佐藤主张像英国那样靠通商实现国家繁荣，靠海军保护通商，实际上脱离了日本当时的国情。从现实主义视角看，当时的日本如果主要依靠商业竞争是斗不过欧美列强的。因此，从实践角度看，对于佐藤的高论，日本当政者初次拜读，赞赏一阵子之后，也就选择了抛弃，最后把炮口主要指向了中国而不是海洋。

---

① 周伟嘉：《海洋日本论的政治化思潮及其评析》，《日本学刊》2001 年第 2 期，第 23 - 29 页。

战后，日本旧海军出身的教授松野吉寅曾这样批评佐藤的主张："虽说日本与英国在地理上有类似之处，但当时的英国是贸易立国，而日本是 90％的人口是农民的农本主义社会。如果考虑到日本的现实情况，佐藤所说的恐怕还为时尚早。"

其次，佐藤仅仅看到日本在地缘位置上与英国的相似性，就希望日本学习老牌海洋国家英国，存在比葫芦画瓢、生搬硬套的一面。西欧大陆与东亚大陆最大的不同在于，前者是有若干个国土、人口与英国差不多的国家构成的；后者则存在一个国土、人口远远超过包括日本在内的周边任何国家的中国。对英国来说，尽管与欧洲大陆有一峡之隔，但由于欧洲大陆各国实力均衡且总是在相互争斗，英国在欧洲总不会陷入孤立，只要拥有制海权和较强的国力，总可以在某个大陆国家的帮助下制衡、击败试图侵略英国本土的另一个大陆强国，作为离岸平衡手主导欧洲局势。但是，在东亚，日本找不到在国土和人口方面可以制衡中国的力量，它认为只要中国能够实现统一并建立强有力的政府，日本就难以获得类似英国的优势地位。而且，在当时中国已成为欧美列强竞相争抢的殖民市场和亚洲安全政策焦点的情况下，让难以在欧美打开市场的日本远离中国，走类似英国的全球通商道路也缺乏现实性。因此，从当时的地缘政治环境看，对主张大陆政策的日本人而言，佐藤的主张的说服力是不够的——他们正是担心日本称霸亚洲无望，才不惜扩大侵略，企图吞并中国。

4.3.3　太平洋战争后日本对近代海洋扩张教训的反思

太平洋战争的失败对日本的海洋观的冲击是十分巨大的。它迫使日本承认"大陆政策"的失败，重新认识"海权论"，走向海洋通商国家之路。

冷战期间，日本政界、学界出于各种动机对近现代扩张历史进行过研究和反思，提出了摒弃大陆扩张思想，依赖美国海权，走"海洋贸易立国"道路的主张。在 20 世纪 70 年代初，日本自民党海空技术调查会和自民党安全保障调查会曾撰写研究报告《海洋国家日本的防卫》与《日本的安全防卫》，对近代海洋观和国家战略观进行了比较系统的反思。

《海洋国家日本的防卫》认为战前日本对马汉"海权"概念的理解存在偏差，经常把海权解读为"海上军事力量"，而实际上海权应指国家在包括军事、通商、航海等诸多方面利用海洋的能力。[①] 未能全面理解海权导致日本在战争中不重视对海上通道的保护，到战争末期由于海军覆灭，连本土岛屿之间的交通都无法维系。日本虽然控制着中国的大部分以及东南亚的资源地带，却最终战败投降。"作为海洋国家，如果失去了海军和海上通道，其下场是很明显的。"[②]该书认为，战后在战争教训的认识上，日本国民虽然对军国主义的反省"很彻底"，但没有深入思考作为海洋国家的日本为什么当年会推行"大陆政策"，以致与美英等海洋国家为敌而陷于失败。该书还认为，近代以来的国际竞争主要在"大陆国家群"与"海洋国家群"之间展开，而"海洋国家群"在较量中一直居于优势地位，因此，"对日本这样的海洋国家来说，只有与海洋国家密切合作才是明智的"。[③]

《海洋国家日本的防卫》承认日本对美国海洋霸权的依赖，认为战后日本经济之所以能快速重新崛起，主要得益于两个因素：一是殖民体制在世界的消失，以及殖民经济时代势力范围的制约不复存在。日本虽然国内资源贫乏，但得以利用海洋自由地从世界各地进口最便宜的原料和能源，并在本国沿海地带加工出口。二是美国拥有压倒性的制海权优势，虽然战后世界各地区武装冲突和局部战争频繁，但海洋上却能保持和平自由。[④] 在海权的行使中，以军事力量为核心的制海权发挥着保障作用。而二战后的日本虽然不拥有制海权却能推行依存于海洋的国策，是因"受到美国制海权强有力的保护"。

《日本的安全防卫》则论述了日美开展海权合作的必要性。该报告同样把世界战略力量分为陆海两大势力（"大陆圈"和"海洋圈"），并指出："日本的海洋依存度极高，利用海洋可实现繁荣，离开海洋则难以生存。其中海上交通是事关国

---

① 日本海空技術調査會『海洋国家日本の防衛』、原書房、1972 年版、第 8 - 9 ページ。
② 日本海空技術調査會『海洋国家日本の防衛』、原書房、1972 年版、第 297 - 298 ページ。
③ 日本海空技術調査會『海洋国家日本の防衛』、原書房、1972 年版、第 26 - 36 ページ。
④ 日本海空技術調査會『海洋国家日本の防衛』、原書房、1972 年版、第 296 - 299 ページ。

家生死的生命线"；"日本临近大陆，安全容易受到大陆力量的影响"；"日本列岛在地理上对大陆呈封锁之势，战略价值很大"。为此，日本要维护国家繁荣和安全必须满足两个战略条件：其一是"绝对不能离反'海洋圈'"，"这也是英国在第一次世界大战后就再也离不开美国的原因，(而日本在第二次世界大战中离反'海洋圈'的代价是)连本土与大陆的交通都无法维系"；其二，"为了应对来自'大陆圈'的威胁，日本有必要拥有一定的自卫能力"，并与美国开展"全球性海权和地区性海权的合作"。① 日本作为"地区性海权"国家，应积极支持美国的"全球性海权"。②

4.3.4　当今日本的海洋观

冷战结束后，日本面临的国内外形势发生了重大变化。两极对峙格局彻底崩溃瓦解，经济全球化加速推进，中国综合国力快速提升，日益关注海洋权益和海上安全。上述国际政治安全环境的剧变促使日本思考新形势下的防卫战略问题，并在政界、社会展开了大讨论。在各方争论中，"海洋日本论"逐渐崛起并成为主流观点。

与冷战时期反思式的"海洋立国"思想相比，"海洋日本论"既有所继承，论述视野又更为开阔。观点主张涉及日本的政治、安全、经济乃至文化等多个领域。

首先，"海洋日本论"仍然以国家安全为核心命题，重在适应当前国内外战略环境的变化，从理论层面为日本国家安全战略的转换提供逻辑支撑。当前日本学术界和政界仍不忘以海洋贸易立国的原点，并继续强调日本海上贸易通道安全的脆弱性；认为在经济全球化背景下，日本的海外依存度在进一步提高。像美国、俄罗斯这样拥有丰富国内资源的大国，即使不能从海外进口粮食和石油，国民也不至于冻死、饿死；但是日本则不然，仍然面临"断油"甚至"断食"的威胁。

---

① 自民党安全保障調査会『日本の安全防衛』、原書房、1966 年版、第 806 ページ。
② 日本海空技術調査會『海洋国家日本の防衛』、原書房、1972 年版、第 296 ページ。

他们主张应继续推进日美海权合作,但在实践层面又扩大化,提出应明确把日本定位为海洋国家;日本国防战略目标最重要的是守卫海洋国土,要以此为基础构建日本的国家安全战略;加强与所有海洋国家的联合,以应对大陆国家走向海洋。当前,日本军事学术界在联合美国、澳大利亚、东南亚岛国乃至印度洋沿岸国共同对付中国方面,表现出空前的一致性。

其次,"海洋日本论"超越了冷战时期的贸易与安全视角,试图从世界政治大国战略的现实需要出发,提出了利用海洋优势发挥地区和全球性影响的命题。日本文化学者冈田英弘认为,"海洋国家"善于经营并拥有海运优势,在发展上总是比"大陆国家"更有效率,并成为国际竞争的主导者。日本著名历史学家五百旗真氏则指出,像日本这样的岛国,"与其向大陆进行扩张,不如重视海上权力;英国在欧洲称霸是在十五六世纪相继失去诺曼底、加莱等大陆领土以后——因为失去了局部的大陆桥头堡,外交反而获得了宏观性和灵活性,能够以较低代价间接地操纵国际政局,从而走上了海洋大国之路"。日本拥有通达世界各地的海上交通和贸易优势,可以将此作为发挥全球影响力的源泉,灵活利用周围的海洋,成为真正意义上的"海洋国家"。

再次,"海洋日本论"仍表现出强烈的海洋扩张意识,关注到海洋战略环境的新变化,试图为日本海洋扩张提供新思路。当前,日本学术界和舆论界普遍认为,《联合国海洋法公约》的生效作为国际共同意志在制度层面的反映,改变了各国传统的海疆观念,引发了世界范围内拓展海洋疆界的竞争,日本应抓住机遇拓展"海洋国土";随着经济全球化的加速,"世界各国沿海开发在爆发性扩大,与之相应的环境恶化、生态资源减少和枯竭等全球性问题,仅靠一国都很难解决",日本必须推进新的海洋秩序的建立;尽管日本在20世纪后半叶作为通商国家依靠海洋取得了成功,但在最近的四分之一的世纪里,随着新的竞争者陆续登场,日本成功的部分条件正在丧失,尤其是很多新兴工业化国家加入全球经济,海洋物流格局发生新的变化,日本面临的竞争环境也随之改变,必须寻求新的战略思路和对策。

最后,将日本的海洋观提升、拓展到"文明"、"文化"层面,以"海洋"为关键词重新为日本在世界文明中定位。在冷战时期，高阪正尧、梅棹忠夫就从文明、文化等角度提出"文明生态史观"、"海洋国家论"、"海洋文明论"，尝试为日本进行文明和文化定位，但当时并未产生很大影响。冷战结束后，日本学术界、舆论界乃至政界开始关注曾经忽视的上述论调。于是，日本属于"海洋文明"，与中国等大陆文明截然不同等观点开始流行于日本，并作为主流社会思潮出现了政治化倾向。2001年，日本著名文化学者川胜平太进一步提出"文明的海洋史观"，认为古代亚洲文明是基于大陆，近代亚洲文明是基于海洋；日本文明源于太平洋诸岛屿，原本就是"海洋民族"，"此后与异质的中国、朝鲜长期交流"，但又从他们的影响中走出，并形成自立的文化，自具"海洋"的特色。[①]

4.3.5　现代日本海洋观的国际政治含义

现代日本海洋观具有十分丰富的国际政治含义。首先，现代日本海洋观高度重视海洋对于日本提升国际政治地位的意义，并试图为日本再崛起张目。在现代日本人的海洋观中，海洋的战略价值首先体现在能够帮助日本达到上述目的。第二次世界大战结束以来，日本政治家、学者在谈到海洋时，总会强调只有海洋国家才能占据"世界舞台的中心"。川胜平太、冈田英弘等文化学者之所以不厌其烦地强调亚洲政治的海洋性，实质上是在企图证明日本近代崛起的历史和未来成为政治大国的合理性和必然性，刻意忽视日本近代扩张的非正义性和落后性。他们总是在强调，亚洲地缘政治存在一个主轴从陆地向海洋转移的历史过程，在参与海洋亚洲的过程中，日本与欧洲一起进入了世界舞台的中心。这种表述似乎在证明日本的近代崛起是很自然的事情，字里行间根本没有对军国主义侵略扩张历史的质疑。

其次，现代日本海洋观具有浓厚的文明优劣意识，并包含着对日本文明中心论的肯定。日本是当今世界等级文化最为浓厚的现代国家，不但社会关系中强

---

① 川勝平太『海洋連邦論』、PHP研究所、2011年版、第64－73ページ。

调人与人之间的"上位"和"下位",其看待国际政治的眼光也充满了等级意识,而且总是以夺取相对其他国家的优越地位、国际关系中的主导地位为着眼点。这种文化本能地反映在海洋观中就是总是在试图通过"海洋国家"的自我定位论证日本在世界文明中天然的优越地位。其基本的逻辑是:文明的基础已经从大陆世界向海洋世界转移,古代文明因"陆"而成,近代文明则是因"海"而成,因此,近代以来海洋国家才是世界文明的主导者,日本作为海洋国家理应占据支配地位。按照这种逻辑,似乎只有日本、美国等"海洋国家"才是世界文明的中心,那些"大陆国家"在世界文明中的地位已成为历史。客观而言,这种论调与纳粹德国的种族优越论、大和民族优越论在逻辑上具有很强的相似性,所不同的只是把其中的血统因素置换成了地理因素。

再次,现代日本海洋观总是以海、陆制造国际政治分野,具有明显的针对中国的企图。综观日本各种"海洋日本"论,总是在强调日本、美国属于"海洋国家",中国、俄罗斯属于"大陆国家"。在诸多论述中总是在制造一种刻板印象,即"海洋国家"崇尚自由民主,注重商业利益、海洋自由,喜欢联盟合作,不喜欢侵略;"大陆国家"喜欢扩张,意识形态僵化。在他们看来,"海洋国家"主导海洋是自然的,而"大陆国家"走向海洋则是不自然的,是"扩张"行为。作为结论,他们也总是强调"海洋国家"要联合起来,应对"大陆国家"向海洋的"扩张"。上述论调的真正目的在于,企图为日本以海围陆制造有利于日本的亚洲地缘政治分野,把中国隔离在其所谓"海洋亚洲"之外,排除中国的国际政治影响,为日本圈出一片可以由自己主导的海洋天地。比如,当前日本最具影响力的文化学者川胜平太就明确主张,日本应联合海洋国家组成麦金德提出的"新月形包围圈",以"包围"和限制"价值观不同"的中国。近年来,日本政界领导人在国际场合多次引用川胜的观点,强调美国、日本、澳大利亚乃至印度等"海洋国家"要联合起来,应对中国的崛起,就为这种海洋观作了很明确的注脚。从地理角度看,中印都是濒海国家,只不过一个居于南亚次大陆,一个在东亚大陆;从经济角度看,印度的海上贸易无论是贸易额还是在本国 GDP 中的比重都不如中国。日本把印度视为"海洋国家",硬把中国列为"大陆国家",显然缺乏逻辑性,也充分暴露出日本现代海洋观对待国际政治的投机性和务实主义。

最后，现代日本海洋观也部分意识到传统海、陆对立理论的局限性，强调日本要以新的思维对待"大陆国家"，主导国际海洋新秩序的构建。在当今日本，仍有不少学者和政治家从传统的海、陆对立论出发，解读国际政治现实，为他们制衡中国等"大陆国家"的主张制造论据。但也有一些学者看到，随着冷战的终结，近代"海洋国家"向大陆扩张的历史已然走到了尽头，"国际关系在诀别霸权必志在包围陆地的时代"。他们主张日本应放弃与"大陆国家"对立的传统立场，努力把中国纳入海洋国家主导建立的国际秩序中来。

显然，日本是一个具有悠久的海洋发展历史的海岛国家，具有深厚的重视海洋、崇拜海洋、利用海洋、开发海洋的传统。但是，由于与大陆一衣带水，发展过程中又深受中华文明的哺育和影响，日本的海洋观又具有较浓厚的大陆"情结"。这种复杂的海洋观对近代日本的侵略扩张产生了重大影响。20世纪中叶以来，日本吸取近代大陆扩张的失败教训，开始积极谋求以海洋国家定位，逐渐形成了现代海洋观，国民更加重视海洋、开发海洋，国家积极发展海洋通商、坚持与海洋国家联合、注意与大陆国家保持距离等。

在21世纪的今天，日本海洋观对海洋价值的重视和认识达到了前所未有的高度，与海洋相关的文化情感也空前浓厚，实施海洋扩张、参与海洋博弈的欲望也是二战结束以来最强的，但对近代侵略历史的反省意识却空前薄弱。当具有上述海洋观的日本拥有强大的海洋综合国力时，其对未来中国走向海洋强国的挑战无疑将是长期的、巨大的。

5　印度海洋发展的经验教训及其现代海洋观的形成

    印度的海洋观是一个以历史为依托,随着战略环境和印度实力的改变而不断发展变化的动态过程。作为一个有着深刻海洋传统又饱受西方海权奴役的国家,印度对海洋的重视毋庸置疑。在海洋实践过程中产生的印度海洋观,已经深深嵌入印度的战略文化之中,并对每一时期印度的海洋安全战略的制定与实施发挥着根本性的影响。而不同时期的海洋战略环境和自身实力的变化,是印度海洋意识形成、发展以及海洋安全战略制定和实施的决定性因素。作为一个有着宏大抱负的国家,一个迅速崛起的区域大国,印度的现代海洋观既是其海洋战略思想传统在新时期的传承,也是冷战后国际形势特别是印度洋安全形势和地区战略态势直接催生的结果,体现出了鲜明的传承与变革特色。新时期印度海洋观的核心特征包括:在海洋安全威胁认知上,采取了一种"泛印度洋视角";将海上利益划分为核心利益区和次要利益区;非常重视海军力量建设,并赋予其军事、外交、维稳和人道主义等不同角色;将非军事力量建设作为海军力量的有力补充。

5.1　影响印度海洋观建构的主要因素

    印度的海洋传统和海洋战略文化是印度独立后制定战略的基础,为印度在印度洋上的活动定下了基调。回顾历史,印度的海洋战略传统呈现出明显的阶段性历史变化,即印度的印度洋时代或曰经典时代、西方的印度洋霸权时代或曰达·伽马时代和现当代三个时期。追溯印度海洋实践的历史及其海洋传统的演变,印度的海洋观建构至少受到历史、地理、经济和权力政治四个方面因素的影响。

5.1.1　影响印度海洋观建构的历史因素

印度的海洋安全意识是印度历史悠久的海洋传统和殖民统治战略遗产相结合的产物,并不是同独立后的印度国家一起诞生的新生事物。由于历史原因,印度对于印度洋的态度,主要是在自由航行和海洋控制两种截然相反的观念之间寻求平衡,即印度一方面借着自由航行的名义反对外部大国在印度洋上的势力存在,另一方面则积极发展自身的海上力量,欲将印度洋变为"印度之洋"。其中,控制海洋的观念由于受到欧洲殖民统治战略遗产的影响而进一步被深化。

历史地看,当葡萄牙开始从海上逐渐向印度洋渗透时,南亚次大陆上的莫卧儿王朝却坚守在陆地上,从未考虑过建立一支海军以显示他们伟大的力量,[1]因而也没有觉察到海洋的重要性。莫卧儿王朝把所有的资源都集中用于巩固陆地边疆,为欧洲人通过海洋统治印度铺平了道路,[2]这无疑是一个巨大的战略失误。对此,印度前外长贾斯旺特·辛格在《印度的防务》一书中这样反省道:"我们需要认真考虑在战略计划过程中的错误,例如 17 世纪和 18 世纪的一个主要失误,就是没有能够正确评价印度洋及通往印度海上航线的重要地位。这个失误导致了西方国家到达印度海岸,最初是进行贸易,后来就开始侵略。"[3]印度海洋基金会(Indian Maritime Fundation)主席乌代伊·巴斯卡尔也认为,印度在其大部分历史时期是"海洋盲人(maritime-blind)"[4]。而印度前海军参谋长普拉卡什上将更加激进,认为多年来印度欺骗自己是一个陆地国家,无视印度在 13 世

---

① [德]赫尔曼·库尔克、迪特玛尔·罗特蒙特:《印度史》,王新立等译,中国青年出版社,2008 年,第 253 页。

② A. R. Tandon, "India and the Indian Ocean," in *Maritime India*, ed. by K. K. Nayyar, New Delhi: National Maritime Foundation, 2005, p. 32.

③ Jaswant Singh, *Defending India*, London: Macmillan Press Ltd., 1999, p. 265.

④ Chitrapu Uday Bhaskar, *Crucial Maritime Space*, Hindu, September 16, 2008, Online, available at: www. thehindu. com/thehindu/br/2008/09/16/stories/2008091650061500. htm.

纪以前的兴盛与充满活力的海洋历史。[①]

实际上,就影响印度海洋战略的历史因素而言,欧洲殖民者不仅带来了"领海"的概念,而且彻底打破了印度旧有的海洋传统,并用欧洲式的海权思想重新塑造了印度的海洋意识,特别是葡萄牙人总督阿布奎克关于控制印度洋战略要点的思想和英国的海洋霸权思想,对印度现代海洋意识的影响尤为深远。所以,长期的海洋实践和西方殖民统治影响下的印度的海洋思维,可以总结为一种印度传统外表下的现实主义海权观。究其根本,在于上述的印度对于印度洋的一种矛盾的态度。这在不同时期印度海洋安全战略中都有所体现。

5.1.2 影响印度海洋观建构的地理因素

印度洋是世界上唯一以其中一个沿岸国家名称命名的大洋。[②] 所以,提到印度洋的地理构造,就不得不提到印度,以及印度在这一区域享有的得天独厚的地缘优势。在印度洋地区,印度作为一个几乎包含整个南亚次大陆的滨海大国,拥有 7 516.6 公里的海岸线(包括安达曼—尼科巴群岛的 1 762 公里海岸线和拉克沙群岛的 132 公里海岸线)[③],200 万平方公里的专属经济区。所以,同相对封闭的陆地边境相比,印度的海上安全环境更为复杂。印度海权之父潘尼迦曾指出:"印度洋和太平洋、大西洋不同,它的主要特点不在于两边,而在于印度大陆的下方,它远远深入大海一千来英里,直到它的尖端科摩林角。正是印度的地理位置使得印度洋的性质起了变化。"[④]从传统的大陆视角来看,印度处在明显的孤立状态:北部的喜马拉雅山脉阻断了次大陆与亚洲其他部分的联系,而南部的

① Arun Prakash, "Maritime Challenges," *Indian Defense Review*, Vol. 21, No. 1, January 2006, p. 49.

② R. N. Misra, *Indian Ocean and India's Security*, Delhi: Mittal Publications, 1986, p. 1.

③ 参见 Government of India (GOI), *India 2002: A Reference Manual*, New Delhi: Ministry of Information and Broadcasting, Publications Division, 2003, p. 356.

④ [印]潘尼迦:《印度和印度洋:略论海权对印度历史的影响》,德隆、望蜀译,世界知识出版社,1965 年,第 14 页。

印度洋形成了不可跨越的屏障。但是从海权的角度来看,印度在东侧的孟加拉湾和西侧的阿拉伯海的环绕下,位于印度洋的中心,所以也就处在了欧洲与远东地区贸易航线的中心。作为自然选择的结果,印度必然在印度洋地区扮演重要角色。换句话说,印度广阔的海疆和在印度洋中心的地缘位置具有非同寻常的政治和经济重要性。[1]

地理环境将印度同印度洋紧紧联系在一起,为印度海洋战略传统的形成打下了坚实的基础。而可能比地理本身更重要的是有意识和经常无意识地从地理中归纳出印度战略的这一态度和思维方式。1958年,印度开国总理尼赫鲁在一艘轮船上作了这样一番讲话:"从这艘船上,我瞭望印度,思考这个国家和它的地理位置。它三面环海,第四面是高山。实际上,我们国家可以说恰好处于大海的波涛之中。在这种环境里,我沉思我们与大海的紧密联系。……无论是谁控制了印度洋,首先将导致印度的海上贸易受人摆布,其次便是印度的独立不保。"[2]所以,在印度的海权学者看来,如果印度洋不再是一个受保护的海洋,那么,印度的安全显然极为可虑。如果印度自己没有一个深谋远虑、行之有效的海洋政策,它在世界上的地位总不免是寄人篱下和软弱无力的。结果是:"谁控制了印度洋,印度的自由就只能听命于谁。"[3]

5.1.3　影响印度海洋观建构的经济因素

在世界大洋中,印度洋提供了太平洋和大西洋之间最便捷、最经济的航线,也是全球能源安全的关键。据统计,印度洋承载着全球一半以上的集装箱货轮

① R. N. Misra, *Indian Ocean and India's Security*, Delhi: Mittal Publications, 1986, p. 10.
② Kousar J. Azam, *India's Defence Policy for the 1990s*, New Delhi: Sterling Publishers, 1992, p. 70.
③ [印]潘尼迦:《印度和印度洋:略论海权对印度历史的影响》,德隆、望蜀译,世界知识出版社,1965年,第8-9、89页。

运输、近三分之一的散装货轮运输,①更为重要的是,占石油制品运输总量70%的货物通过印度洋由中东运往太平洋地区,途经包括亚丁湾和阿曼湾在内的世界上最主要的石油海上航路,以及诸如曼德海峡、霍尔木兹海峡和马六甲海峡等对全球贸易有重大影响的战略要点。②另外,从中东通过苏伊士运河航线或好望角航线前往欧洲的货船和油轮络绎不绝,西欧进口石油的35%以上来自中东地区。③可见,印度洋及其关键的战略要点构成了全球最主要的航线之一。无论是对东方还是西方国家,印度洋都已经成为"海上生命线"。

毫无疑问,印度在印度洋地区有着巨大的经济利益,更关注对印度经济发展至关重要的海上贸易。在印度看来,"从波斯湾经马六甲海峡再到日本海的弧形海上通道相当于一条'新丝绸之路'……这条弧形海上通道的贸易总额达到1.8万亿美元"④。不仅如此,随着经济的快速增长,印度已成为继中国、美国、日本之后的第四大能源需求国。在印度的能源消费中,石油约占其所需能源的33%,而所需石油的65%依赖进口,而进口的石油中又有90%来自波斯湾地区。此外,不断增加的装载液态天然气的船只经由非洲南部海域驶向印度,而印度也从卡塔尔、马来西亚和印度尼西亚继续进口液态天然气。⑤在燃煤方面,单纯从莫桑比克进口煤已不能满足印度国内市场的需求,印度已经开始从南非、印度尼西亚和澳大利亚等印度洋国家进口煤。所以,对印度洋的利用以及确保印度洋海上航线的畅通,对印度的能源安全至关重要。⑥印度一些安全分析人士甚至认为,在未来25年内,能源安全将成为印度的核心战略关切。而且他们确信,印

---

① A. R. Tandon, "India and the Indian Ocean," in *Maritime India*, ed. by K. K. Nayyar New Delhi: National Maritime Foundation, 2005, p. 24.

② Robert D. Kaplan, "Center Stage for the Twenty-first Century: Power Plays in the Indian Ocean," *Foreign Affairs*, Volume 88, No. 2, March/April 2009, pp. 19 - 20.

③ 陈建民:《当代中东》,北京大学出版社,2002年,第4页。

④ Donald L. Berlin, "India in the Indian Ocean," *Naval War College Review*, Vol. 59, No. 2, Spring 2006, p. 65.

⑤ 这方面的数据见 Robert D. Kaplan, "Center Stage for the Twenty-first Century: Power Plays in the Indian Ocean," *Foreign Affairs*, Volume 88, No. 2, March/April 2009, p. 20.

⑥ A. R. Tandon, "India and the Indian Ocean," in *Maritime India*, ed. by K. K. Nayyar, New Delhi: National Maritime Foundation, 2005, p. 23.

度必须为解决能源问题做好战争准备。① 正是这种发展的逻辑，全面强化了印度的海洋安全观念。

5.1.4 影响印度海洋观建构的权力政治因素

正如印度学者米什拉(R. N. Misra)所说，"如果没有恰当地考察海洋维度，任何对于印度国家安全问题进行的认真的研究都将是不完整的"②。印度海权之父潘尼迦也曾指出："印度来日的伟大，在于海洋。"因为"印度洋，对于别的国家说来，不过是许多重要海区之一，但对印度说来，却是唯一最重要的海区。印度的生命线集中在这里，它的未来有赖于保持这个海区的自由。除非印度洋长享自由，除非印度两岸充分得到保障，否则，什么振兴工业，发展商业，稳定政局等等，一切都谈不上。……主宰着印度国防全盘战略的，是海洋"。③

冷战后，随着国际社会对于中东地区能源需求的日益增加，印度洋因能源安全与航运安全问题而成为世界关注的焦点。结果，印度洋成了"21世纪大国角逐权力的中心"④。对此，2004年印度颁布的《印度海洋学说》强调指出："印度洋地区周边的安全环境远不能令人满意。在阿拉伯海—孟加拉湾范围内，地区内及地区外力量始终不断地持续增长，而且导弹和大规模杀伤性武器在印度洋地区内的扩散、宗教极端主义的蔓延、对恐怖主义在道义上和物质上的支持，均对印度洋海上安全构成了严重威胁。阿富汗战争与伊拉克战争后，包括美国和西方其他国家的存在和其不断加强的海军力量等因素，使得来自印度西部海岸的

---

① Donald L. Berlin，"India in the Indian Ocean，"*Naval War College Review*，Vol. 59，No. 2，Spring 2006，p. 65.

② R. N. Misra，*Indian Ocean and India's Security*，Delhi：Mittal Publications，1986，p. *vii*.

③ ［印］潘尼迦：《印度和印度洋：略论海权对印度历史的影响》，德隆、望蜀译，世界知识出版社，1965年，第82、96页。

④ Robert D. Kaplan，"Center Stage for the Twenty-first Century：Power Plays in the Indian Ocean，"*Foreign Affairs*，Volume 88，No. 2，March/April 2009，p. 16.

威胁日益突出,对整个印度洋地区安全形势产生了深远的影响。"①结果,外部大国在印度洋上的力量存在与力量运用,持续成为印度关注的重点。

实际上,在1971年第三次印巴战争后,随着陆上威胁的明显缓解,印度开始在海洋上追求其大国梦想。印度前总理拉吉夫·甘地在执政后不久便直言不讳地宣称:"印度应在控制与其邻近的五大海峡的基础上,继而控制从地中海到太平洋之间的广大地区。"②2003年11月,当时的印度总理瓦杰帕伊指出:"印度的安全环境从波斯湾跨越印度洋一直延伸到马六甲海峡,包括西北部的中亚和阿富汗、东北部的中国和东南亚。印度的战略思想也应该扩展到这些地区。"③前总理曼莫汉·辛格也指出:"不断提升的国际威望,使得印度在从波斯湾到马六甲海峡的广大地区都存在战略利益。"显然,印度关于海洋安全的思考,还包括了鲜明的大国权力政治逻辑。它在很大程度上超越了纯粹的安全诉求,具有鲜明的争强权色彩,即着眼于印度洋上的主导地位。

5.2 经典时代印度的海洋战略传统——航行自由与海洋控制并存

海洋传统,就是一个国家或民族在长期开发利用海洋和争夺海洋控制权的过程中所形成的对于海洋的一贯认识和既定原则。这种传统也可以理解为一种

---

① 参见 Indian Maritime Doctrine (New Delhi: Chief of Naval Staff, 2004), http://indiannavy. nic. in/,转引自宋德星、白俊:《"21世纪之洋"——地缘战略视角下的印度洋》,《南亚研究》2009年第3期,第41-42页。

② Dick Sherwood, *Maritime Power in the China Seas: Capabilities and Rationale* (Canberra: the Australian Defense Studies Center, 1994),转引自郑励:《印度的海洋战略及印美在印度洋的合作与矛盾》,《南亚研究季刊》2005年第1期,第117页。

③ Rakesh Chopra, "Energy Security for the Asian Region 2020 and Beyond," in *Maritime India*, ed. by K. K. Nayyar, New Delhi: National Maritime Foundation, 2005, p. 111.

对于海洋秩序①的理解和实践。在印度历史上，在欧洲人到来之前，无论就印度洋上的权力分布态势而言，还是就海洋利益关切而言，印度始终维持着一种基于海上实践的海洋秩序观，并将其作为一种约定俗成的海洋传统融会贯通到印度的各种海洋活动中。但应当看到，在经典时代即前达伽马时代，由于印度次大陆在地理上将印度洋北部分割为东西两个部分——阿拉伯海和孟加拉湾，上述两个海区不同的地缘特征导致了印度分别在阿拉伯海和孟加拉湾形成了两种截然不同的海洋战略传统，维持着天壤之别的海洋秩序。就像一位研究者所说，印度的海上历史由一个持续的主题所主导，那就是在海上行使国家权力与自由使用海洋原则之间的竞争。②

5.2.1　航行自由

在经典时代，印度的海洋战略传统首先表现为在阿拉伯海对航海自由原则的运用。至少是在 13 世纪之前，印度洋的控制权主要掌握在印度手里。其中，就阿拉伯海而言，这种控制权仅意味着基于贸易目的的航行自由，而不是后达伽马时代习见的排他性的帝国殖民扩张活动。③ 所以，在分析印度洋地区的历史和印度在该地区的战略思想传统时，有学者发现，在前达伽马时代，印度洋的西部海区即阿拉伯海享有现代意义上的公海航行、贸易和商业自由。其结果不仅仅带来了大量的区域内贸易（几乎扩张到从东非沿岸的蒙巴萨岛到阿拉伯海和孟加拉湾所有的沿岸和腹地国家），也使得印度洋成为连接太平洋和地中海的重

---

① 所谓海洋秩序，指的是人类历史上不同的政治单元，在争夺海权或维护自身海洋权益的互动中而形成的一种相对稳定的海洋权势分布状态和海洋利益关切，并得到了国际社会普遍接受或认可的海上国际惯例与实践、海洋法、海洋制度以及保证相关法律和海洋制度有效运作的运行机制的有力保障。见宋德星、程芬：《世界领导者与海洋秩序——基于长周期理论的分析》，《世界经济与政治论坛》2007 年第 5 期，第 104 页。

② K. K. Nayyar, *Maritime India*, New Delhi: National Maritime Foundation, 2005, p. xv.

③ ［印］潘尼迦：《印度和印度洋：略论海权对印度历史的影响》，德隆、望蜀译，世界知识出版社，1965 年，第 24 页。

要水路。^① 究其原因,地缘因素和沿岸国家内化的安全需求导致了这种航行自由原则的产生。

由南亚次大陆的西海岸、伊朗高原和阿拉伯半岛环绕而形成的阿拉伯海,自古以来就是海洋贸易集中的区域。特别是印度洋北部季节性规律变化的季风,足以保障一艘船径直穿过印度洋,从而极大地便利了货物的运输和印度洋海上贸易的繁荣。更为重要的是,无论是在印度西海岸还是在阿拉伯半岛与海湾地区,在经典时代,受限于航海技术与自然条件,阿拉伯海东西两岸的沿海国家均没有能力将自己的影响力持续投送到阿拉伯海的对岸,特别是阿拉伯海上不具备整体战略意义的岛屿,所以,对该海区的控制只能来自陆地。但是,无论是南亚次大陆国家还是阿拉伯国家,在当时的技术条件下,都不可能从陆地上完全控制阿拉伯海。结果是没有一个国家在阿拉伯海地区享有绝对的海上霸权地位,从而使得该海区海洋权势分布总体上保持着一种均势状态,而航海自由正是这种海上均势的副产品。换言之,在印度人眼中,阿拉伯海对于任何航行于其上的人来说都是开放的交通要道。^②

另一方面,在经典时代,对于阿拉伯海沿岸国家,特别是印度次大陆国家而言,主要的安全威胁无不是来自陆上邻国和国内宗教、民族问题,所以内化的安全关切导致这些国家"领土意识和关于保卫所居住领土的战略知觉的缺失"^③。相应地,在海洋方向,这些国家也缺少一种海洋安全视角。包括次大陆早期的海洋国家,统治者关心的更多的是通过贸易得到的财富而不是贸易本身,因而他们的海洋安全只是"近海安全"。统治者从来不认为远洋航行事关国家战略和安全,认为这只是商人和海员们应该考虑的问题。所以,经典时代阿拉伯海上的无政府状态,便成了航行自由原则的根本保证。

---

① K. R. Singh, "Indian and the Indian Ocean," *South Asia Survey*, Vol. 4, No. 1, 1997, p. 145.

② M. P. Awati, "Maritime India, Traditions and Travails," in *Maritime India*, ed. by K. K. Nayyar, New Delhi: National Maritime Foundation, 2005, p. 9.

③ 关于这方面内容,详见 Jaswant Singh, *Defending India* (London: Macmillan Press Ltd., 1999)有关印度战略文化的部分。

当然，这一时期的航行自由与现代海洋秩序中强调的在世界领导者护持下的自由贸易和"门户开放"有很大不同。尽管如此，印度洋的阿拉伯海区上的印度时代是贸易和航行自由的时代。像阿拉伯人自己的记载所证明的，他们在海洋上自由航行，跟印度海港通商，甚至运输他们的货物远到东方的中国。垄断或不许别人在海上自由航行的问题，显然是不存在的。[1] 对此，阿卜杜尔·拉沙克曾说，在卡利卡特，每一只船，不论它从哪里来，到哪里去，一驻进这个港口，就会受到一视同仁的待遇，绝不会受到一点留难。而且，阿拉伯人在取代印度人的印度洋霸主地位以后，也没有打算以强大的海军控制海上交往，而是将阿拉伯的造船与航海技术与印度的阿拉伯海航行自由的海洋传统结合在一起，在更广阔的空间推动海洋贸易的发展。[2]

5.2.2　海洋控制

如果说阿拉伯海主要是被用来进行贸易的，那么，孟加拉湾的情况就截然不同了。首先也是最根本的，这个海湾产生的是海上霸权，一种军事和政治性质的霸权统治。它以各岛屿的广泛殖民地化为基础，且这种霸权只是随着13世纪朱罗政权的崩溃才告中断。[3] 也就是说，与阿拉伯海航行自由的海洋秩序与海洋传统不同，在孟加拉湾，次大陆国家遵循着一种基于实力的海洋控制传统，也就是建立在实力基础上的海洋霸权秩序。当然，与近代西方海洋霸权不同的是，印度的这种海洋霸权秩序的建立主要通过实力上的征服和文化上的同化联合进行，是一种印度特色的殖民主义。正如纽约大学的约尔·拉鲁斯教授（Joel Larus）在《前现代时期印度人的文化和政治军事行为方式》一书中指出的："殖民

---

① ［印］潘尼迦：《印度和印度洋：略论海权对印度历史的影响》，德隆、望蜀译，世界知识出版社，1965年，第31-32页。

② A. R. Tandon, "India and the Indian Ocean," in *Maritime India*, ed. by K. K. Nayyar, New Delhi: National Maritime Foundation, 2005, p. 28.

③ ［印］潘尼迦：《印度和印度洋：略论海权对印度历史的影响》，德隆、望蜀译，世界知识出版社，1965年，第24页。

主义不是当代民族国家的发明创造,也不仅仅局限于强大的西方国家。印度人是最早的东南亚殖民者之一。在将近 1 500 年的时间里,印度人扮演着被称为'殖民主义者'的角色。"①

　　在孟加拉湾,地缘因素的作用同样不可小视。对于印度这样一个历史上长期处于分裂状态的国家而言,与阿拉伯海地区不同的地缘环境和权势等级分布是孟加拉湾产生另一种海洋传统的根本原因。虽然与阿拉伯海相似,孟加拉湾也是由印度次大陆的东部、马来半岛和印尼群岛环绕形成的海湾,但是从地图上不难看出:整个阿拉伯海呈现出喇叭口的形状,使得阿拉伯海成为一个北部封闭、南部开放的海区;但是对于面积相对较小的孟加拉湾来说,锡兰(斯里兰卡)和苏门答腊岛基本控制了该海湾的最南端,形成了一个相对封闭的海区,这就使得从陆地控制该海区成为可能。所以,从公元前 5 世纪到公元 10 世纪的时间里,孟加拉湾的海上控制权取决于位于南亚次大陆的陆上强国。②

　　在地缘因素的基础上,孟加拉湾地区的权势等级结构最终催生了海洋控制的海洋传统。与在和平条件下贸易欣欣向荣的印度西海岸不同,东印度的历史就是一部争夺地区霸权的斗争史。③ 而在争夺过程中,东印度总会涌现出一些实力超群的地区中心国家。这些国家在一定时期内成为地区霸权国,控制孟加拉湾的局势。在控制与反控制的斗争中,东印度国家形成了海洋控制的传统——一方面为了护持自身的霸权,防止其他国家崛起为海洋秩序的挑战者;另一方面,不断扩大影响力,谋求更广泛的控制。该地区,特别是马来半岛和印尼群岛,缺少制衡霸权的力量,结果使得次大陆地区霸权国家能够相对迅速并轻易

---

　　① 参见 Joel Larus, *Cultural and Political-Military Behaviour of the Hindus in Pre-modern India*, Calcutta: Minerva, 1979, 转引自 M. P. Awati, "Maritime India, Traditions and Travails," in *Maritime India*, ed. by K. K. Nayyar, New Delhi: National Maritime Foundation, 2005.

　　② A. R. Tandon, "India and the Indian Ocean," in *Maritime India*, ed. by K. K. Nayyar, New Delhi: National Maritime Foundation, 2005, p. 26.

　　③ 至少在争夺海权的方面,先有帕拉瓦、朱罗和潘迪亚三个王朝间的斗争,后有朱罗王朝和室利佛逝在该地区的海上博弈,参见[德]赫尔曼·库尔克、迪特玛尔·罗特蒙特:《印度史》,王新立等译,中国青年出版社,2008 年。

地建立起对孟加拉湾的控制。在此过程中，长期的殖民和文化同化也为东印度建立孟加拉湾霸权打下了相对较为坚实的基础。例如朱罗王朝称霸孟加拉湾的时候，努力通过控制具有战略重要性的沿海航线来提高他们的海上实力。他们占领了几乎整个印度东部海岸，以此为基础进一步攫取了对马尔代夫、斯里兰卡的控制，甚至还可能控制了安达曼群岛。之后在与室利佛逝的争夺中，朱罗王朝又吞并了孟加拉湾和马来半岛，形成了绝对的海上优势。

当然，关于印度在孟加拉湾的海上霸权的性质，存在着一定的争议。当代的印度学者不同意潘尼迦关于印度的孟加拉湾霸权是军事性和政治性的观点。他们认为，印度在该地区取得的霸权是一种"温和式的"。不同于之后的西方殖民国家，印度的扩张活动主要是文化传播，而非军事行动，目的也不是政治压迫和经济掠夺，印度同东南亚国家的贸易往来也是在一种高度平等的条件下进行的。[①] 但是，不管印度采取何种手段，都是服务于控制孟加拉湾这一战略目的的。可以说，在印度洋的印度时代里，孟加拉湾一直处于印度的海权国家控制之下。这种持续的控制逐渐演化成孟加拉湾海区的海洋秩序，成为印度海洋传统不可或缺的一部分，而出现在孟加拉湾海区的平等贸易可以理解为印度两种海洋传统的交汇。

5.3 达·伽马时代印度海洋战略意识的湮灭与再建构

印度洋的印度时代之后，是人们所熟知的达伽马时代，即西方列强殖民时代。其中，葡萄牙人开了这方面的先河。葡萄牙人带给印度洋地区最大的变化，就是将欧洲"领海"的概念引入这一区域。如上所述，在欧洲人到来之前，印度洋处于一种人员和贸易自由往来的状态。对于印度洋沿岸的各个民族而言，海洋

[①] M. P. Awati, "Maritime India, Traditions and Travails," in *Maritime India*, ed. by K. K. Nayyar, New Delhi: National Maritime Foundation, 2005, p. 15.

是他们共有的财产。至少印度洋的阿拉伯海区,存在着典型的自由和宽容的传统。① 但是葡萄牙人的到来打破了印度洋上的平静。欧洲人对于贸易和航行的垄断,使得原先自由的海上航线突然变得封闭起来。印度洋成为葡萄牙人的私有财产。只有持有欧洲人颁发的"通行证",才能够在印度洋上畅通无阻地航行。正如一位葡萄牙历史学家所说:"对于所有航海的人,确有一项共同的权利。在欧洲,我们承认别人要求于我们的那些权利;但是这种权利不适用于欧洲以外的地方,所以作为海上霸主的葡萄牙人,对于一切未经许可就在海上航行的人,有权没收他们的货物。"② 葡萄牙人正是通过强大的海军力量,将一个崭新而且令人困扰的概念——"领海"(Mare Clausum)③带到印度洋和波斯湾的航海界中。④ 这时距离达伽马在卡利卡特登陆仅仅六七年之隔。在这短暂的时间里,印度洋的海洋秩序被葡萄牙人彻底地改变,印度洋上的霸权时代逐渐拉开帷幕。

5.3.1　印度海洋战略意识的湮灭

在印度洋上争夺霸权的时代,印度人作为一支力量也发挥了关键作用,也涌现出诸如昆甲利三世、康荷吉·安格里等印度海军英雄。但是无论是马拉塔海权还是萨摩林海权,在取得短暂的辉煌之后,印度的海洋传统最终被欧洲的坚船利炮所摧毁。⑤ 究其原因,主要有以下几个方面:

---

　　① M. P. Awati, "Maritime India, Traditions and Travails," in *Maritime India*, ed. by K. K. Nayyar, New Delhi: National Maritime Foundation, 2005, p. 15.

　　② 转引自[印]潘尼迦:《印度和印度洋:略论海权对印度历史的影响》,德隆、望蜀译,世界知识出版社,1965年,第36页。

　　③ 领海(Mare Clausum),拉丁文意为"closed sea",即"封闭的海洋"。

　　④ M. P. Awati, "Maritime India, Traditions and Travails," in *Maritime India*, ed. by K. K. Nayyar, New Delhi: National Maritime Foundation, 2005, pp. 16 - 17.

　　⑤ 关于印度抵抗西方国家海上入侵,参见[印]潘尼迦:《印度和印度洋:略论海权对印度历史的影响》,德隆、望蜀译,世界知识出版社,1965年,第36 - 48、55 - 60页。M. P. Awati, "Maritime India, Traditions and Travails," in *Maritime India*, ed. by K. K. Nayyar, New Delhi: National Maritime Foundation, 2005, pp. 16 - 18. 关于西方国家对于印度海权国家的观点和应对手段,参见 G. A. Ballard, *Rulers of the Indian Ocean*, London: Duckworth, 1927, pp. 39 - 58, 80 - 145, 224 - 244.

首先,印度海洋传统的湮灭,在根本上是印度长期忽视海洋这一战略失误的结果。当葡萄牙从海上逐渐向印度洋渗透时,印度次大陆上莫卧儿人建立了亚洲陆上强国,但是在它们最辉煌的时候,却没有觉察到海洋的重要性,遗忘了对于海洋的依赖。① 莫卧儿人坚守在陆地上的结果之一,就是从未考虑过建立一支海军以显示他们伟大的力量,从而为欧洲人通过海洋统治印度铺平了道路。② 正如印度前外长贾斯旺特·辛格在《印度的防务》一书中所阐述的那样,17 世纪和 18 世纪战略计划过程中的一个主要失误,就是没有能够正确评价印度洋及通往印度海上航线的重要地位。这个失误导致西方国家到达印度海岸,最初是进行贸易,后来就开始侵略。③

其次,印度分裂的政治局势也是其海洋传统终结的重要原因。无论是马拉塔海军还是之前的萨摩林海军,都不是被西方人击败的,而是输在自己人手中。因为缺乏统一的国家和民族意识,印度统治者总是将欧洲殖民者作为依靠的对象,用以对付其在大陆上的敌手,由此加速了印度海权的丧失。印度前外长贾斯旺特·辛格曾强调指出,如果不是马拉塔海军被邻国阴谋所摧毁,那么欧洲的贸易国家将永远不会在印度取得立足之地。④ 战术层面上,缺乏广阔的海军视角困扰着早期印度国家的海军建设。无论是马拉塔海军还是萨摩林海军,其弱点在于他们的势力一向只限于所谓的领海范围之内。他们没有海洋政策,他们的舰艇无力在公海上同敌人周旋。由于实力关系,无论是当年的安格里还是昆甲利,都没有能力同英荷角逐海上霸权。⑤

最后,印度海洋战略传统的湮灭在很大程度上也是殖民统治者刻意为之的

---

① 转引自 A. R. Tandon, "India and the Indian Ocean," in *Maritime India*, ed. by K. K. Nayyar, New Delhi: National Maritime Foundation, 2005, p.32.

② [德]赫尔曼·库尔克、迪特玛尔·罗特蒙特:《印度史》,王新立等译,中国青年出版社,2008 年,第 253 页;A. R. Tandon, "India and the Indian Ocean," in *Maritime India*, ed. by K. K. Nayyar, New Delhi: National Maritime Foundation, 2005, p.32.

③ Jaswant Singh, *Defending India*, London: Macmillan Press Ltd., 1999, p.265.

④ Jaswant Singh, *Defending India*, London: Macmillan Press Ltd., 1999, p.266.

⑤ [印]潘尼迦:《印度和印度洋:略论海权对印度历史的影响》,德隆、望蜀译,世界知识出版社,1965 年,第 60 - 61 页。

结果。在霸权时代开始以前,印度洋贸易由次大陆诸多小的邦国共同控制,以快速帆船、印度商船等小型船只为基础。但是欧洲的坚船利炮打破了这个脆弱的基础,区域外大国势力介入印度洋,彻底摧毁了印度的海洋传统和海洋意识。[1]特别是在英国获取了印度洋霸权地位以后,为了防止印度重新崛起,威胁英国治下的印度洋海洋秩序,英国人开始刻意弱化印度的海洋意识和海洋战略传统。加之英国统治时期英属印度的威胁主要来自西北方向的陆地边境,所以,其在印度培养了一种限于陆地的战略视角。有印度学者指出:"在表现印度历史时,殖民政府总是忽视印度的海洋传统,仅仅将目光聚焦在印度的陆地历史上。英国政府甚至在将印度收归王权之下后,解散了原先由东印度公司建立的当地海军,转而把印度的海上防务委托给皇家海军来负责。"[2]它们总是扭曲或拒绝承认印度开发利用海洋的历史和战略传统,声称虽然印度拥有优越的海洋战略地位,但是印度人作为大陆民族,却有着对海洋的天生恐惧。[3]

5.3.2 印度海洋战略意识的再建构

第一次世界大战前夕印度洋上涌动的战略暗流,促进了印度海洋意识的重新觉醒。20 世纪 30 年代,战争的威胁波及印度沿岸已经成为不争的战略现实,英国统治者再也不能忽视印度需要一支海军这一安全关切了。[4] 这样,英国人极不情愿地让印度人回归了海洋,不仅在印度建立起一支独立的海军,也开始从英国的角度出发,重新构建、催生印度的海洋意识。这种在英国影响下重新建构起来的海洋意识,像一柄双刃剑,既促进了印度的海洋安全战略的制定和海军的

---

① G. A. Ballard, *Rulers of the Indian Ocean*, London: Duckworth, 1927, p. 244.

② K. R. Singh, "The Changing Paradigm of India's Maritime Security," *International Studies*, Vol. 40, 2003, p. 230.

③ M. P. Awati, "Maritime India, Traditions and Travails," in *Maritime India*, ed. by K. K. Nayyar, New Delhi: National Maritime Foundation, 2005, p. 2.

④ K. R. Singh, "The Changing Paradigm of India's Maritime Security," *International Studies*, Vol. 40, 2003, p. 230.

发展,也阻碍了印度走向强大海权国家的道路。

首先,英国人带给了印度统一的海洋意识,使印度克服了原先海洋传统中两个最大的缺陷——分裂性和地区性。印度拥有悠久的海洋传统,但是不可否认的是,因为缺乏统一的地理概念和国家意识,印度的海洋传统终归是分裂的、地区性的。不同的地区、不同的邦国对于海洋有着不同的认识。英国的殖民统治摧毁了印度政治分裂的状态,带给了印度确定的领土范围和统一的国家军队,把整个南亚次大陆整合在共同的战略框架之下。而在此基础上构建起来的印度海洋意识无疑是统一形态的,作用于整个印度洋。

其次,因为不列颠日不落帝国是英国海上贸易的产物,所以,印度洋和海洋航线第一次进入印度的战略思想之中。[1] 在殖民统治开始之前,印度洋上自由航行的状态更多的是因为印度洋沿岸特别是印度国家缺少更广阔的海洋视角,没有兴趣也没有能力控制印度洋上的航行。英国构筑的海洋帝国终结了印度洋上的无政府状态。另一方面,英国对于海洋的垄断也破坏了印度洋上自给自足的经济模式,印度洋地区成为资本主义统治下的全球经济体系中的一部分。[2] 在被卷入这个经济体系的过程中,印度同印度洋更加密不可分,印度的经济很大程度上也越来越依赖于印度洋的海上航运。结果,在目睹英国的海上霸权和反思自身海洋战略传统的过程中,印度的精英阶层产生了一种更广阔的海洋意识。

但是,英国培养的印度海洋传统是整个大英帝国海洋政策的一部分,是为英国的利益服务的。正如蒙巴顿勋爵在一封信中所说:"当我还在印度的时候,我一直尽自己最大的努力尝试建立一支海军,如果印度洋地区或世界范围内爆发战争的话,这支海军力量就可以供西方联盟驱使。"[3]可见,英国重新构建起来的印度海洋战略意识,是为了在一个复杂的战略环境内保卫英国在印度洋和印度

---

[1] Jaswant Singh, *Defending India*, London: Macmillan Press Ltd., 1999, p. 19.

[2] A. R. Tandon, "India and the Indian Ocean," in *Maritime India*, ed. by K. K. Nayyar, New Delhi: National Maritime Foundation, 2005, pp. 33 - 34.

[3] Letter from Lord Mountbatten to L. J. Callaghan, the Parliament Secretary dated 31 August 1951, MBI/24, HMSO Copyright Office, Norwich. 转引自 Jaswant Singh, *Defending India*, London: Macmillan Press Ltd., 1999, p. 116.

的利益。英国将这种"为帝国利益服务"的思想灌输到印度的海洋战略意识之中,使得印度在独立后花费了 30 年的时间才得以最终摆脱这份殖民遗产,重新界定印度自身在印度洋地区扮演重要角色的海洋战略。[①]

5.4　印度的现代海洋观

5.4.1　独立以后印度海洋观的演进历程

5.4.1.1　从独立到冷战结束

独立后,印度始终追求地区强国和世界大国地位,而控制印度洋正是实现其战略目标的重要内容。印度首任总理尼赫鲁在《印度的发现》一书中表示:"印度以它现在所处的地位,是不能在世界上扮演二等角色的,要么做一个有声有色的大国,要么就销声匿迹。"[②]在一次著名的全国广播讲话中,尼赫鲁曾提出:"印度命中注定要成为世界上第三或第四位最强大的国家。印度认为自己的国际地位不是与巴基斯坦等南亚国家相比,而应与美国、苏联和中国相提并论。"[③]尼赫鲁的这一思想奠定了以后历届政府追求大国地位的战略取向。独立以后,印度开始认识到,要重振印度民族的雄威,必须依靠其所濒临的印度洋这一得天独厚的有利条件,认为印度的安危系于印度洋,民族的利益在于印度洋,来日的伟大也靠印度洋。

在这方面,印度现代海权理论家潘尼迦可谓印度优先发展海权的坚定鼓吹者。在 1946 年出版的《印英条约的基础》一书中,他运用了麦金德的地缘政治概

---

① K. R. Singh, "The Changing Paradigm of India's Maritime Security," *International Studies*, Vol. 40, 2003, p. 230.

② [印]贾瓦哈拉尔·尼赫鲁:《印度的发现》,齐文译,世界知识出版社,1956 年,第 57 页。

③ V. M. Hewitt, *The International Politics of South Asia*, Manchester: Manchester University Press, 1991, p. 195.

念，进一步阐述了有关独立后印度进行防御的想法。潘尼迦指出，印度在地理上占据着半岛和大陆的双重地位。如果印度想成长为一个主要的亚洲大陆国家，是没有前途的，因为以陆地而论，她对控制着心脏地带的苏联来说不过是个无足轻重的附属品。印度不可避免地必然要与海洋世界结盟。所以，"基本的事实是，印度是个主要兴趣在于海洋的海洋国家。它的确属于边缘地带国家，与大陆的联系相对来说无足轻重。从欧亚大陆观点看，它只是个毗连的地区，为不可逾越的高山所隔开；另一方面，从海空观点看，它则是具有主要战略意义的中心之一。从海洋角度看，它控制着印度洋；从航空角度看，它被称作'航空岛屿'，是海洋各地区的天然航空转运中心。印度对于海洋国家体系来说是非常宝贵的；而对于大陆国家体系来说，它却并不重要"①。

潘尼迦特别着重批判了印度防卫政策中存在的忽视海洋的倾向。他强调："考察一下印度防务的各种因素，我们就会知道，从16世纪起，印度洋就成为争夺制海权的战场，印度的前途不取决于陆地的边境，而取决于从三面环绕印度的广阔海洋。"②"尽管从海上征服一个有基础的陆上强国不大可能，可是，印度的经济生活将要完全听命于控制海洋的国家，这个事实是不能忽视的。还有，印度的安全也要长期受到威胁。因为如果陆上防地被一个掌握海权的强国占据并处在它的海军炮火掩护之下，不是轻易就可以从陆上攻下的。莫卧儿帝国费尽了力气，也没有消灭掉几个小小的受到海军保护的居留地。印度有两千英里以上开阔的海岸线，如果印度洋不再是一个受保护的海洋，那么，印度的安全显然极为可虑。"③

尽管在潘尼迦眼中印度洋如此重要，不过独立后的印度依然继承了英国过去所面临的防务问题，而且主要采取了与英属印度同样的防务战略，即印度的注

---

① K. M. Panikkar, *The Basis of an Indo-British Treaty*, Indian Council of World Affairs, 1946, p. 5.

② ［印］潘尼迦：《印度和印度洋：略论海权对印度历史的影响》，德隆、望蜀译，世界知识出版社，1965年，第1-2页。

③ ［印］潘尼迦：《印度和印度洋：略论海权对印度历史的影响》，德隆、望蜀译，世界知识出版社，1965年，第9页。

意力集中在陆上,而不在海洋。印度独立初期,尼赫鲁总理等印度政治家们虽意识到了印度洋的重要性,但由于受到印度传统的安全战略思维、英国在印度殖民统治的战略遗产、印度面临的安全威胁以及国力相对虚弱等因素的影响,并没有把安全防务的侧重点放在海洋方面,而是仍将次大陆内部的防务作为首要任务。结果是,一方面,印度领袖们把英国人从次大陆上赶走,最终在本国土地上获得了政治自由;另一方面,印度洋还在英国人的控制之下,而印度还不具备关注海上安全问题的能力,因而尚未完全摆脱英国的控制和影响。可以说,尼赫鲁执政时期,印度对印度洋的关注处于一种"稀奇的漠视"状态,印度的海洋安全战略处于一种"从忽视到关注"的过渡阶段之中。印度在这一时期的海洋安全战略从整体上讲是国力虚弱的无奈之举,是在"优先发展经济"、"先经济后国防"国家战略指导下,深受印度传统的"重陆轻海"、非暴力等战略文化影响的必然产物。

到 20 世纪 60 年代中后期,随着国力的衰落,英国宣布在 1971 年以前撤出苏伊士运河以东地区的所有军事力量。英国的势力逐渐从印度洋地区收缩已不可避免。随后,印度通过 1971 年的第三次印巴战争肢解了巴基斯坦,从而奠定了自己在南亚次大陆的霸主地位。另外,经过二十余年的发展,印度的综合国力也得到大幅提升,印度有能力在次大陆巩固支配地位的同时,将目光投向广阔的印度洋,梦想继承大英帝国在印度洋留下的"权力真空"。事实上,印度洋地区的战略安全形势并非单纯出现"权力真空"那么简单。英国从印度洋地区的撤出与美国、苏联两个超级大国的进入是同步发生的。超级大国在印度洋地区的角逐对印度的安全造成极大的威胁,结果使得印度的海洋安全战略不得不依照当时的国际战略安全环境进行相应的调整。

据此,印度国内防务专家在宣扬印度洋对印度安全的重要性的同时,又对大国在印度洋上的争夺表示不满,认为超级大国在印度洋的角逐,以及集中于印度洋周边地区的尖锐的冷战和角斗对印度的安全构成了重大威胁。将印度洋打造成"和平之洋"的战略,便成为印度海洋安全战略的权宜之计。诺曼·帕尔默就此指出:"它们(印度)希望印度洋成为和平区,摆脱大国之间的争夺和紧张状态。如果不能做到这点,它们希望大国在印度洋中维持一个'低姿态'。假若它(很可能)变成大国之间争夺的地区——实际早已如此——它们希望这样至少可使印度洋不致受到一个大国的统治或几个大国的联合统治。"①毕竟印度当时的海洋实力还不能与美、苏等区域外大国抗衡。因此,印度在打造"印度洋和平区"的幌子下,制定了分阶段控制印度洋的海洋安全战略,以便逐步发展印度海军的近海防御能力、区域控制能力和远洋进攻能力。

5.4.1.2 后冷战时期

冷战结束后,世界战略格局和地区安全形势都发生了重大变化。印度在南亚和印度洋地区的安全形势也进入了一个新的发展阶段。可以说,冷战后印度的海洋观,直接反映了新时期印度的国家利益追求和谋求成为世界头等强国的大国抱负,因而具有重要影响。在制定和实施一套独立自主的海洋安全战略的过程中,印度的目标:一是保卫印度的安全和海洋利益;二是控制邻近海域,特别是确保对巴基斯坦形成绝对的海上优势;三是继续加强能力建设,力图控制印度洋上的战略要点和关键水路;四是建立远洋海军,对印度洋之外的地区施加影响。为此,印度更加重视海洋在印度国防和经济建设中的地位与作用,加紧制定并推行印度洋控制战略。2007年《自由使用海洋:印度海上军事战略》这份印度政府关于海洋安全问题的最为权威的官方文件指出:"葡萄牙总督阿布奎基早在16世纪初就提出,控制从非洲之角延伸到好望角和马六甲海峡的咽喉要塞是防止敌对强国进入印度洋所必需的。即便在今天,发生在印度洋周边的一切仍会影响我们的国家安全,与我们利益有关。我们的任务区由于非常广大,必须要对主要利益区域和次要利益区域进行区分,以便聚精会神于前者。"②

基于印度洋地区战略态势、自身战略利益追求以及海上实力的显著增长,新世纪以来,印度提出了"控海"和"拒海"两大关键战略信条,即以印度次大陆为中心,依据不同的威胁类型,将印度洋分为:完全控制区——海岸向外延伸500公

---

① [美]A. J. 科特雷尔、R. M. 伯勒尔编:《印度洋在政治、经济、军事上的重要性》,上海外国语学院英语系译,上海人民出版社,1976年,第321-322页。

② Freedom to Use the Seas: India's Maritime Military Strategy, New Delhi: Integrated Headquaters, Ministry of Defence (Navy), 2007, p.59.

里内的海域；中等控制区——500～1 000 公里范围内的海域；软控制区——包括印度洋剩余的所有部分。自然地，印度最关注的地区是完全控制区，特别是领海及 200 海里的专属经济区。为了确保这个海域的安全，印度必须对这一地区实施完全的控制，也就是必须拥有可以控制空中和水下空间的能力。

出于保护印度核心经济设施的目的，印度认为不能使敌对的海上力量接近完全控制区。换言之，同敌对的海上力量的战斗应该在离岸 500～1 000 公里的地区进行。这就要求在中等控制区内不让侵入该地区的敌对势力看到获得好处的机会。为此，发展拒海能力被认为是有效的防卫手段，而航母战斗群则能扮演关键角色。

1 000 公里之外的印度洋海域构成了印度的软控制区。任何地区外大国大规模地向该地区渗透都被视为印度的安全隐患。这是因为如果该地区安全不保，那么，印度就有面临遭受强制外交的可能性。为此，印度不仅需要在外围海域监视区域外大国海军的活动，而且还应具有一定的威慑能力。这样，获取核动力潜艇就成为印度的一项关键需求。

鉴于印度海军的行动区域非常之广，2004 年印度颁布的《印度海洋学说》明确区分了印度的海上核心利益区和次要利益区，并为印度的"蓝水海军"战略勾勒出了三个发展层次，即海面、水下和空中力量建设；对新时期印度海军角色和任务进行了明确的规定，具体地讲，就是军事角色、外交角色、维稳角色和人道主义角色。在 2007 年出台的《自由使用海洋：印度海上军事战略》中，印度提出了要以强大、平衡的海军为基础，通过积极的政治、外交、军事手段，主动塑造印度洋地区的事态。印度在加强海上军事力量建设的同时，正积极地与印度洋沿岸国家和区域外大国构筑一种伙伴关系网，以增强印度的影响力和拓展海洋战略空间。此外，印度于 2004 年签署了亚洲打击海盗和海上抢劫的地区性协议，2008 年主动发起了印度洋海军论坛，并于同年筹组了南亚地区港口安全合作组织等。毫无疑问，非军事力量建设作为海军力量的有力补充，将为和平时期印度的海洋战略利益追求提供有力的保障。

5.4.2 新时期印度海洋观的核心内涵

自 1988 年颁布的《印度 1989—2014 年海上军事战略》提出近海控制、指定海域实施远程控海和在更广阔海域实施可靠的远程拒海这一战略信条以来，印度又于 2004 年颁布了《印度海洋学说》（Indian Maritime Doctrine）、2007 年颁布了《自由使用海洋：印度海上军事战略》（Freedom to Use the Seas：India's Maritime Military Strategy）等重要文件，全面勾画出了新时期印度的海洋安全战略图景，特别是海上军事战略的方方面面，因而为全面理解新时期印度海洋观的核心内涵和思考过程提供了有力的政策依据。

5.4.2.1 海上安全威胁认知

如前所述，由于历史、地理、发展和权力等原因，印度在海洋安全威胁认知上采取的是一种"泛印度洋视角"（a Pan-Indian Ocean perspective）。[1] 在这方面，时任印度外长的贾斯旺特·辛格在 2001 年访美期间的一番言论最具有代表性。他指出："一直以来，印度人都不知道自己的真正面积。有多少人知道印度尼西亚距离印度最南端的岛屿只有 65 英里？⋯⋯又有谁知道，科威特在 1938 年以前的法定货币是（印度）卢比？所以，当我们谈论印尼或波斯湾的时候，就是因为我们的利益和影响范围已经到达了那里。"[2]所以毫不奇怪，对印度来说，在印度洋地区发生的任何事情，都被认为对其国家安全产生了直接或间接的影响，因而都是至关重要的。2004 年印度颁布的《印度海洋学说》认为，影响其海上安全环境的因素主要包括：

· 西面，海湾产油区存在引发全球能源危机的可能；

· 东面，东盟国家经济持续增长，以及中国在该地区影响力日益增强，将影

---

① Jaswant Singh, "The Changing Paradigm of India's Maritime Security," *International Studies*, Vol. 40, No. 3, 2003, p. 239.

② *Times of India*, 13 April, 2001.

响到印度洋地区海洋安全环境；

· 南面，印度洋地区绝大多数发展中国家都位于这里，可能成为引发地区外力量干涉的主要场所；

· 由于同印度洋地区所有关键性海域相连，所以，印度必然是亚洲战略弧形地带各种关切的焦点。①

5.4.2.2 海上利益划分

鉴于印度海军的行动区域非常广，印度认识到，有必要区分海上核心利益区和次要利益区。印度所谓的核心利益区（Primary Areas）包括：（1）阿拉伯海和孟加拉湾，主要包括印度的专属经济区、岛屿和岛屿延伸；（2）进出印度洋的战略要点，主要包括马六甲海峡、霍尔木兹海峡、曼德海峡和好望角；（3）印度洋上的岛屿国家；（4）作为印度石油供给主要来源的波斯湾；（5）穿越印度洋的主要国际海洋运输通道（ISLs）。而印度所谓的次要利益区（Secondary Areas）则包括：（1）印度洋南部地区；（2）红海；（3）中国南海；（4）太平洋东部地区。

在现有资源条件下，印度现行的海洋安全战略仅关注核心利益区。只有当次要利益区与核心利益区直接联系在一起，或次要利益区对未来海上力量的部署产生影响时，次要利益区才有被关注的必要。②

5.4.2.3 海军力量建设与角色定位

在印度新时期的海洋观中，海军力量建设具有十分重要的地位。2004年公布的《印度海洋学说》，明确为印度的"蓝水海军"战略勾勒出了三个发展层次，即海面、水下和空中力量建设，并对新时期印度海军的角色和任务进行了明确的规定。具体地讲，就是军事角色、外交角色、维稳角色和人道主义角色。

印度海军的军事角色所承担的任务分为平时任务和战时任务。平时任务就

---

① 参见 Indian Maritime Doctrine（New Delhi：Chief of Naval Staff，2004），http://indiannavy. nic. in/，转引自宋德星、白俊：《"21世纪之洋"——地缘战略视角下的印度洋》，《南亚研究》2009年第3期，第41-42页。

② 关于利益区的划分，参见 Freedom to Use the Seas：India's Maritime Military Strategy，New Delhi：Integrated Headquarters，Ministry of Defence（Navy），2007，pp. 59-60.

是对区域内国家进行常规和战略威慑、在阿拉伯海和孟加拉湾以及在进出印度洋的战略要点行使海上控制，在平时或战争期间为海上交通线上的商船队和海上贸易，以及为印度的海岸线、岛屿和近岸设施提供安全保护；而战时任务则包括在敌人的领土、领水或领空进行战斗，当需要在相关利益范围内进行登陆时进行力量投送，应对低烈度海洋军事威胁，提供第二次核打击能力，以及同陆军、空军协同作战，保卫并巩固印度的国家利益。

印度海军的外交角色是将海军作为有效的外交手段，以增进印度的国家利益，具体包括：发展良好的海洋伙伴关系、能够协助联合国维和部队、有能力同多国部队一起遂行军事行动。维稳角色是印度海军遂行海上警察任务时所扮演的角色。在担负这一任务时，需要在印度的专属经济区保卫印度的国家利益、对附近毗邻地区施行常规监视、在利益核心区显示存在并进行巡逻。而人道主义援助、救灾、海上搜索与援救、救助作业等，是印度海军扮演人道主义角色时需要面对的任务。[①]

新时期，印度正全力打造一支全方位的"蓝水海军"，目标显然不仅仅是为了应对像巴基斯坦这样的印度洋沿岸国家，而是应对美国在印度洋的海上力量存在和中国在印度洋上的活动。总之，印度海军正沿着"沿海防御—区域控制—远洋进攻"的战略思路，致力于实现从"区域性威慑与控制"向"远洋进攻"的跨越，以期形成对印度洋的实际有效控制。[②]

5.4.2.4　非军事力量建设

在《自由使用海洋：印度海上军事战略》中，[③]印度对印度洋地区在新时期全球地缘战略中独一无二的地位的原因进行了简要的归纳，提出了新时期的"印度

---

① 参见 Indian Maritime Doctrine(New Delhi：Chief of Naval Staff, 2004)，http://indiannavy. nic. in/，转引自宋德星、白俊：《"21 世纪之洋"——地缘战略视角下的印度洋》，《南亚研究》2009 年第 3 期，第 41 - 42 页。

② 参见李兵：《印度的海上战略通道思想与政策》，《南亚研究》2006 年第 2 期，第 17 页。

③ Freedom to Use the Seas：India's Maritime Military Strategy, New Delhi：Integrated Headquarters，Ministry of Defence (Navy)，2007，pp. 37 - 40.

之洋"海洋安全战略,也就是以强大、平衡的海军为基础,通过积极的政治、外交、军事手段,主动塑造印度洋地区事态。据此,印度在加强海上军事力量建设的同时,为了改善自己在印度洋地区的战略地位,并确保其在印度洋地区的战略恐惧不会变为现实,正在与印度洋沿岸国家和区域外大国构筑一种伙伴关系网,以增强印度的影响力,获取"更多的战略空间"和"战略自由",积极为自己创造一个安全缓冲垫。[①] 用一位观察家的话说:"为了扩展从伊朗到缅甸、越南的影响力,印度正在创造一种包括了贸易协定、直接投资、军事演习、资金援助、能源合作和基础设施建设等系列手段的新的混合式外交。"[②] 此外,印度还积极参与地区性多边海洋安全机制建设,于 2004 年签署了亚洲打击海盗和海上抢劫的地区性协议(Regional Cooperation Agreement on Combating Piracy and Armed Robbery in Asia),2008 年主动发起了印度洋海军论坛(IONS,Indian Ocean Naval Symposium),并于同年筹组了南亚地区港口安全合作组织(SARPSCO,South Asia Regional Port Security Cooperative)等。毫无疑问,非军事力量建设作为海军力量的有力补充,将为和平时期印度的海洋战略利益追求提供有力的保障。

5.4.3 新时期印度海洋观的特点

如前所述,印度的现代海洋观既是其海洋战略思想传统在新时期的传承,也是冷战后国际形势,特别是印度洋安全形势和地区战略态势直接催生的结果。它们直接反映了新时期印度追求和谋求成为世界头等强国的大国抱负,因而具有重要意义。总体来看,新时期印度的海洋观具有鲜明的特点。

5.4.3.1 明确的目的性

冷战后印度海洋安全战略的首要特点就是具有明确的目的性。一方面是通

---

① "Indian Foreign Secretary Says Delhi Wants 'Greater Strategic Autonomy'," Zee News Television, in Hindi, March 17, 2005, trans. FBIS,转引自 Donald L. Berlin, "India in the Indian Ocean," *Naval War College Review*, Vol. 59, No. 2, Spring 2006, p. 66.

② Amand Giridharadas, "Newly Assertive India Seeks a Bigger Place in Asia," *International Herald Tribune*, May 12, 2005.

过建立一支具备"蓝水"能力的强大海军,实现称霸印度洋的大国抱负。另一方面,印度对于海洋安全威胁的判断也具有明确的针对性。首先,印度视巴基斯坦为其最主要的对手,即使在 21 世纪新的国际战略背景之下,印度依然坚持认为巴基斯坦对印度在印度洋地区的利益和安全构成了严重威胁;[1]其次,印度视中国、美国和其他区域外大国在印度洋地区的力量存在为潜在的安全隐患;再次,随着恐怖主义逐渐转向海上,[2]应对海上恐怖主义和海盗行为也成为和平时期印度海军为维护其国家安全而担负的重要任务。[3]

5.4.3.2　强烈的排他性

称霸印度洋的战略目标带来的必然结果就是印度海洋安全战略中强烈的排他性。在印度洋和南亚地区内部,印度不允许出现能够挑战其霸权地位的地区强权;在更广泛的国际层面,印度对于一切外部势力在印度洋地区的存在都抱有严重的抵触情绪。尼赫鲁就曾经说过:"历史显示,无论是哪个国家控制了印度洋,首先印度的海上贸易就受人摆布,而印度的独立也将不保。"[4]印度一位观察家在分析冷战时期超级大国在印度洋上的对抗对印度的影响时声称:"超级大国在印度洋地区部署军事力量的动机、目的和理由存在着较大的争议。但毫无疑问的是,超级大国的力量部署严重破坏了这一地区特别是紧邻部署区域的沿岸国家的安全环境。印度在面对这样大规模的军事存在时很难不受影响和保持无

---

[1]　G. V. C. Naidu, *The Indian Navy and Southeast Asia*, New Delhi: Knowledge World, 2000, p. 71.

[2]　参见 Catherine Zara Raymond, "Maritime Terrorism in Southeast Asia: A Risk Assessment," *Terrorism and Political Violence*, No. 18, 2006, 239 - 257; Gal Luft, Anne Korin, "Terrorism Goes to Sea," *Foreign Affairs*, Vol. 83, No. 6, November/December 2004.

[3]　参见 Freedom to Use the Seas: India's Maritime Military Strategy, New Delhi: Integrated Headquarters, Ministry of Defence (Navy), 2007. also see Sangram Singh, "Maritime Strategy for India," in *Maritime India*, ed. by K. K. Nayyar, New Delhi: National Maritime Foundation, 2005; Indian Maritime Doctrine(New Delhi: Chief of Naval Staff, 2004), http: //indiannavy. nic. in/,转引自宋德星、白俊:《"21 世纪之洋"——地缘战略视角下的印度洋》,《南亚研究》2009 年第 3 期,第 41 - 42 页。

[4]　转引自 Kousar J. Azam,ed., *India's Defence Policy for the 1990s*, New Delhi: Sterling Publishers, 1992, p. 70.

动于衷的态度……。"①冷战结束以后,印度认为美国、俄罗斯等老牌大国和中国、日本等地区外新兴大国对印度洋都有着各自的利益诉求,使得印度洋地区充斥着明争暗斗。《印度海洋学说》就认为:"所有主要的大国在本世纪都将在印度洋地区寻找各自的立足点。作为结果,日本、欧盟(尽管这两个国家的核心利益在美国的保护下)、中国和复兴的俄罗斯都将独立或者通过相互政治—安全协定,在印度洋海域显示自己的力量存在。"不仅如此,还存在着"区域外大国对印度洋沿岸国家实施军事干涉的持续增长的可能。这种军事干涉是这些区域外大国用来遏制他们认为的冲突情况的有效手段"。② 鉴于此,印度强烈地反对区外大国在印度洋的力量存在。

5.4.3.3　显著的独立性

从 1947 年印度获得独立以来,印度海军在依靠大国的同时,始终孜孜不倦地探索一条独立发展的道路,并且取得了较大的成果。而冷战后的国际形势和印度自身的大国抱负,使得印度在新时期愈益追求独立自主的海洋安全战略和海军发展道路。要实现控制印度洋、成长为世界一流强国的战略目标,印度必须依靠自己。实际上,印度也充分认识到了其过分依赖大国的"机会主义"方式③(opportunist approach)的局限性,尽管这种"机会主义"使得印度海军能够源源不断地从外部大国获得支持和先进的武器装备,以推进其印度洋安全战略。所以,独立自主发展一支具备"蓝水"能力的海军,就成为印度新时期海洋安全战略

---

① Jasjit Singh, "Indian Ocean and Indian Security," in *Yearbook on India's Foreign Policy*, *1987—1988*, ed. by Satish Kumar, New Delhi: Sage Publicatins, 1988, p. 131.

② 参见 Indian Maritime Doctrine, New Delhi: Chief of Naval Staff, 2004, http://indiannavy. nic. in/,转引自宋德星、白俊:《"21 世纪之洋"——地缘战略视角下的印度洋》,《南亚研究》2009 年第 3 期,第 41 - 42 页。

③ "机会主义"方式,就是指在特定的政治环境和有限的财政资源条件下,抓住机会寻求最好的发展。其手段就是根据国际形势和海洋安全环境的变化,来改变海洋安全战略和海军发展模式,依靠外部大国的同时保持选择的自由,待价而沽。所以印度海军在冷战时期能够在两大阵营之间左右逢源,冷战后也依然能与美俄同时保持良好的合作关系。参见 James Goldrick, *No Easy Answers: The Development of the Navies of India, Pakistan, Bangladesh and Sri Lanka*, New Delhi: Lancer Publishers, 1997, p. 105.

的首选。迄今为止,印度在自主生产武器装备、自行培养高技术人才和探索作战条令、战法方面取得了显著的进步,其海军先后自行研制了包括航空母舰和核动力潜艇在内的各型舰只,也出台了《印度海洋学说》(2004 年)和《自由使用海洋:印度海上军事战略》(2007 年)等纲领性文件,在独立自主的道路上迅速前进。

5.4.3.4　固有的局限性

虽然印度海军一直希望成为"蓝水"海军,而且建造和购买了大量先进的舰船,拥有了较强的远程投送能力,以及一定的拒海和控海能力,但由于受制于国内因素、地区形势和国际背景,印度海军依然是一支拥有有限"蓝水"能力的地区性海上力量,特别是鉴于印度短期内还不可能解决同周边国家的陆上领土纠纷,所以,印度主要的战略精力依然集中在陆地。虽然"蓝水"海军是印度实现大国梦不可或缺的工具,但印度首要的安全关切必然是国家领土的安全和不受侵犯问题。这就从根本上决定了印度海洋安全战略的首要目标将不得不限定为维护印度海岸线、岛屿和领海的安全。其次,尽管印度海军在南亚具有无可匹敌的实力和地位,但以美国海军力量为代表的区域外大国在印度洋上的存在,对印度来说是制约其控制印度洋的最大挑战,印度海军在短期内很难逾越这道架设在印度洋上的无形栅栏。上述局限性在很大程度上限制了印度向更广阔的海洋辐射其实际影响力的能力。

作为一个有着宏大抱负的国家,一个迅速崛起的区域大国,印度新时期的海洋观既是其强国意愿和海洋战略思想传统的生动体现,又是印度洋现实情势的催生物,体现出了鲜明的传承与变革特色。就其根本而言,新时期印度海洋观尤其凸显了印度积极主动塑造印度洋事态,而不是被动应对和被动塑造这一战略决心。正因为如此,其海洋安全战略,一方面包括海军在内的海上力量建设被赋予了特殊的使命;另一方面也强调了政治、外交和军事手段的综合运用,以期达成最佳的战略效果。可见,该战略的实施,不仅会直接影响印度洋上力量对比态势的变化,也将在很大程度上影响印度洋及其周边地区的安全态势。但由于该战略的总体目标明显地超越了印度实有的战略能力,因而可以想象,其有关主动塑造印度洋事态、进而掌控印度洋的战略目标,只能是一种长远的愿景。

6 德国海洋发展的经验教训及其现代海洋观的形成

德国位于欧洲中部,东邻波兰、捷克,南接奥地利、瑞士,西接荷兰、比利时、卢森堡、法国,北与丹麦相连并临北海和波罗的海,面积约为 356 970 平方公里。从地理的意义上来讲,德国是"欧洲的心脏";从地缘战略的角度分析,德国属于海陆复合型濒海国家,由此提出了德国的海洋发展问题。与英法等先进资本主义国家相比,德国是海洋发展事业中的后来者,并且发展过程充满了曲折。自19 世纪中叶起,在大约一个世纪的时期里,德国经历了统一、崛起、战败、复苏、再战败、再崛起等几个阶段。其中,海洋发展事业既是历史演变的重要因素,也深受历史发展的影响。冷战结束之后,德国积极扮演地区政治大国的角色,并且以其强大的科技和经济实力参与各项国际事务。其海洋发展事业深深地嵌入到国家的发展当中。当前,德国的海洋发展事业蒸蒸日上,并且已经成为一个区域性海洋强国。

德国海洋发展事业的经验教训引人深思,对于我国建设海洋强国也具有一定的借鉴意义,值得认真研究。

6.1 影响德国海洋发展的若干因素

从 15 世纪开始,地理大发现和东方新航路的开辟,使得世界进入了一个新的历史时期。随着船舶技术的发展,海上国际贸易蓬勃兴起。各国之间的经济政治交往日益紧密,同时经济的发展也使国际政治格局产生了显著变化。由于海洋在国际政治较量和经济竞争中占据了日益重要的地位,那些能够充分利用海洋发展自己的国家总是能够使自己在国际竞争中占据有利地位。葡萄牙、西班牙、荷兰、法国和英国先后成为海上霸主。它们的国运也随着国家对海洋支配权的起伏而不断改变。这些海洋事业中先行者的例子充分说明,海洋发展在国家发展过程中的重要性日益显著。海洋发展是一项综合性事业,其中涉及地理、历史、经济、政治等多方面的要素。

6.1.1 马汉理论体系中的诸多要素

1890 年,美国海军上校马汉出版了著作《海权对历史的影响(1660—1783)》。在书中,马汉将一个国家对海洋的支配和利用称为"海权",并对这一概念做了全面细致的研究。总体上,马汉将英国视为其理论的典范,系统论证了国家在海洋发展事业中所涉及的六个基本要素:(1) 地理位置;(2) 自然结构;(3) 领土范围;(4) 人口数量;(5) 民族特点;(6) 政府的性质。马汉声称,英国正是由于充分具备了这些它的对手们通常都不能完全具备的要素,从而在长达百余年的海洋争霸过程中,赢得了胜利。

在历史先例的感召下,德意志民族在 19 世纪后半叶完成了民族统一事业后,即着手自己的海洋发展事业。马汉的理论则为德国人提供了理论上的指导。然而,由于马汉的理论是以英国作为研究样本构筑的理论体系,因此,当这套理论用来指导作为欧陆强国的德国的海洋发展事业时,难免会产生种种不适应的状况。这就迫使德国最终要走出一条独特的海洋发展道路。

马汉所宣称的六要素大体可以分为两类。前三个属于地理范畴。观察德国的地理和地缘政治情况可以发现,德国的海洋发展条件并不有利。由于地处中欧,德国处于法俄两大强国的夹击之中。这迫使其无时无刻都要关注陆地边界的安危。即便不再抱有更多的领土野心,也不得不时刻提防法国收复阿尔萨斯和洛林的渴望。这就从根本上决定了德国无法像英国那样专注于海外贸易和殖民。英国是一个岛国,无须在和平时期维持庞大的陆军。而且自英法百年战争以后,英国已经放弃在欧洲大陆上的领土野心,转而一心一意在欧洲以外拓展它的殖民帝国。对英国来说,国防和经济发展都依托于海洋。而在德国,这两者在很大程度上是相互分离的。

此外,英伦三岛不仅拥有漫长的海岸线,而且其中散布着为数众多的优良港口。而英吉利海峡作为世界上重要的贸易航道,被牢牢掌握在英国人手中。这些都是英国避免在大陆上浪费金钱和精力,转而专心发展海外贸易、伸张海权的有利因素。相比之下,德国虽然拥有面对北海和波罗的海的两段海岸线,但其出海口形势并不乐观。除汉堡、不来梅等少数港口以外,德国总体上缺乏港口。而且,波罗的海是相对封闭的海。不列颠群岛则将北海和大西洋隔绝开来,北海与大西洋只有通过英吉利海峡和苏格兰至冰岛之间的水道才能相连。由于连接北海和大西洋的两条战略性海上通道都经过英国的海岸,这就意味着德国在海洋发展过程中难以与英国抗衡。英国可以通过封闭以上两条战略航道,压缩德国的海洋发展空间。

马汉所宣称的六要素中的另外三个,基本上属于国家民族特征的范畴,包括作为基础的经济形态、作为上层建筑的政府和民族意识。就德国的情况看,它在这些领域也不占优势。

首先,按照马汉的定义,所谓“人口数量”,并非指一个国家的全部人口数量,而是指该国内与海洋、海运工作相关的那部分人口的数量。虽然随着经济起飞,德国外贸额直线上升,但这仍然无法改变德国大陆经济的基本形态。德国的外贸份额中,与欧洲大陆其他国家的贸易额占了很大比例。即便德国与海外各国的经济联系日益增加,也未必会导致德国国内与海洋关联的“人口数量”的增加。因为在国际经济竞争中,像英国这样的海洋事业的先行者,必定掌握着某种既定的优势。例如,英国庞大的商船队完全可以在和平时期为德国的海外贸易服务。这虽然有助于德国降低其对外经济交往的成本,但无疑会抑制德国造船工业的发展,进而阻碍德国海洋事业的全面发展。根据统计,“迟至1895年,1 130家德国造船企业和它们的次级供应商,总共只雇佣了35 000名工人。其中,雇工人数超过 50 人的企业只有 46 家"①。而根据德国海军上将蒂尔皮茨的回忆录,也是在 1895 年,在德国最大的港口汉堡港内,"德国商船才刚刚打破英国商船原先所占据的垄断地位"。②

其次,德国也不符合马汉所定义的海权国家的"民族特点"。在马汉眼里,历史上海洋发展事业中较为顺利的国家都是像英国和荷兰这样的"小店主的国家"。它们拥有浓厚的商业氛围,以追逐利润为导向,所以能够持之以恒地冒着风浪搏击大海,最终获得成功。历史上的西班牙、葡萄牙和法兰西帝国,虽然也曾拥有庞大的舰队,但这些大陆强国从来不具备这种成为海权强国的"民族特质"。所以,这些国家虽然在其海洋发展事业的初期取得了很大成绩,但由于缺乏可持续性,最终败下阵来。同样,作为大陆国家且以普鲁士军国主义著称的德意志帝国,也不具备马汉所说的那种"民族特点"。

最后,既然德国在历史上缺乏海洋发展所需的经济基础和国家民族特征,那么,它当然也不具备马汉所列出的第六个要素"政府的性质"。最明显的证据就是 19 世纪末之前,历代的普鲁士/德国政府,从未有过持之以恒地发展海外殖民地并且促进海外贸易的历史,因而也没有大力支持海军建设的历史。所以,当 19 世纪 90 年代末德国政府试图扩大海军建设时,不得不展开一场声势浩大的宣传活动。海军军官们"广泛拜访商界和政界名流,从各路诸侯到退休宰相俾斯麦都是其说服对象;他们还组织记者随军舰出海,以赢得新闻界的支持;年轻的军官们奔走于全国各个大学,对学术界展开魅力攻势。此外,海军部组织翻译了马汉的著作,并负责相关出版发行工作。在国会表决海军法案之前,蒂尔皮茨还特意向国会议员和政府政要分送了 2 000 本,以做宣传之用"③。

在被马汉视为典范的英国,海洋发展得到了全国上下的一致支持。而当德

---

① Gary E. Weir, *Building the Kaiser's Navy: The Imperial Navy Office and German Industry in the Von Tirpitz Era, 1890—1919*, Naval Institute Press, 1992, p. 19.

② Grand Admiral Von Tirpitz, *My Memoirs*, Vol. 1, New York, 1919, p. 18.

③ Jonathan Steinberg, *Yesterday's Deterrent: Tirpitz and the Birth of the German Battle Fleet*, New York, 1965, pp. 140–143.

国试图着手其海洋发展时却必须大力宣传。这个事实从反面说明,德国事实上并不具备马汉所要求的那种"民族特点"和"政府的性质",所以,只能以勤补拙。

总而言之,无论是在自然地理条件方面,还是在经济形态和人文环境方面,德国都不具备马汉所宣称的发展海权的种种条件。

6.1.2 海洋发展过程中的军事因素

值得注意的是,身为海军军官的马汉,其所列出的海洋发展的六个要素中,没有一个是直接与军队或海军相关的。这充分说明了马汉本人的洞察力。但是,一个国家的海洋发展不可能不涉及军事层面。海洋发展体现为"人类对海洋的控制和利用,这也正是海权的本质"[①]。而无论何时何地,权力的获得、维持和行使都是以武力作为最终后盾的。

海洋发展对军事需求最直接的体现就是,海军必须为商船航行开辟通道,通过剿灭海盗等不利因素使海洋上的商业航行不受干扰。更重要的是,远洋航行途中的商船需要中途停靠港口获得补给,而只有在由本国控制下的港口才是最安全的。

所以,马汉的海权思想包括两层含义:在军事战略层面上,经由海军舰队获得对海洋的控制;在国家战略层面上,国家的经济生产、航运和海外殖民地相互结合,共同发展。概而言之,国内生产、海洋运输和殖民地构成了海权的三个环节。在马汉看来,英国依仗它实际的或潜在的强大的海上力量,依靠它的贸易和武装运输船队,它的贸易机构、殖民地和遍布世界各地的海军站来对海洋实施控制。[②]

具体到德国的情况,其由于地处中欧,强敌环伺,不得不优先发展陆军。因此,在很长一段时间内,海军的发展受到忽视。早在 17 世纪末,勃兰登堡选帝侯

---

① George Modelski, *Seapower And Global Politics*, 1494—1993, Seattle: University of Washington Press, 1988, p. 3.

② [美]A. T. 马汉:《海权对历史的影响(1660—1783)》,安常容、成忠勤译,解放军出版社,2006 年,第 37、658 页。

腓特烈·威廉曾尝试组建海军，但以失败告终。其背后的根本原因在于，随着欧洲各国之间频繁的战争，整个德意志地区成为列强角逐的中心。身处其中的德国人只能优先关心自己国土的安全，无暇顾及海洋发展事业。用腓特烈·威廉本人的话说，"第一，缺乏经费，当时的钱只够勉强维持陆军；第二，战略上不适宜，主要的敌人奥地利也没有海军，俄国有海军，但不能充分用来对付普鲁士"①。其中，缺乏经费无疑是首要的原因。结果是，德国最终成为一个典型的大陆型国家。当荷兰、英国和法国这样的民族国家在海洋上大展拳脚之际，德意志民族成了一个旁观者。

1871年德意志帝国建立之后，随着统一的国内市场的建立，德国乘着第二次工业革命的东风，经济获得了长足的发展。与此同时，德国也越来越依赖从国外进口粮食和工业原材料。如果在战争期间德国的海洋通道遭到敌人的封锁，那么将对德国的经济产生致命打击。这就促使德国要建设一支强大的海军，以抵御这种潜在的威胁。然而作为欧洲大陆的传统强国，德国必须首先维持一支强大的陆军。海军的建设不可避免地受到影响。所以，德国海军不可能在实力上超过英国海军。更何况，德国进出大洋的海上通道也靠近英国一侧。实力劣势和不利的地理形势从根本上使德国的海洋发展事业受制于英国。

为排除英国在德国海洋发展过程中的阻碍作用，德国海军曾计划利用本国陆军实力较强的优势，对英国发动突然进攻。虽然英国海军实力较强，但由于散布在全球海域，驻扎在英国本土的海军并不是特别强大。德国试图利用敌人兵力分散这一弱点，力求在宣战之后趁敌人兵力尚未集中起来之前发动强大的渡海登陆战役，一举占领英国，迫其投降。然而，按照德国陆军的估计，"对英国的战争至少需要6—8个军的兵力"②。由于德国自身的海洋发展事业尚处于起步阶段，船舰数量不足，很难完成如此艰巨的运送任务。而且即便德军登陆成功，如果不能迅速迫使英国投降，那么，一旦强大的英国增援舰队返回本土，就将切

---

① ［苏］阿拉夫佐夫：《德国海军学说》，中国人民解放军海军司令部出版社，1959年，第5页。

② Paul M. Kennedy, "The Development of German Naval Operation Plans against England, 1896—1914," in *The English Historical Review*, Vol. 89, No. 350, January 1974, p. 54.

断登陆德军的后勤补给。届时,登陆英国的德军无异于自投罗网。

既然无法利用陆军,德国海军不得不独自承担起与英国争夺制海权的重任。但由于实力居于劣势,德国海军很难通过主动进攻消灭敌人。而不利的地理形势使德国人认识到,"无论如何,德国通往大洋的出海口在北海的另一边,在英国人手里。所以我们必须为出海口而战。我们是进攻的一方"①。正是由于实力和地理方面的双重劣势,德国虽然在第一次世界大战前打造了一支实力仅次于英国的世界第二强海军,但仍然无法在战争时期保障德国在海洋上的权益。之后,在第二次世界大战期间,德国在海洋上再次遭受封锁。

总而言之,在德国海洋发展过程中,军事上的不利局面始终是一个令其困扰的问题,不仅使得其海洋发展事业受到影响,还对德国总体的战略和经济发展产生了巨大影响。

6.1.3　德国海洋发展事业中的有利因素

虽然德国在其海洋发展事业中面临诸多不利因素,但也必须看到,当它于19世纪末着手发展海洋事业时,也具有某些独特的优势。

首先,长期的历史积累使得德国人民养成了服从权威、遵守纪律的特性。而德国政府则在社会生活和经济发展方面拥有广泛的权力,并且以"善于组织和调动社会资源,为国家发展服务"著称。政府一旦作出了实施海洋发展的决策,就可以在短期内调动众多社会资源为其目标服务。

其次,德国统一后,它在经济、工业技术和教育领域的飞速发展为其海洋事业的发展奠定了坚实的物质和技术基础。19世纪上半叶,船舶建造和航海活动更多的是依靠经验的积累,科学技术在其中的地位并不突出。然而到19世纪下半叶,随着第二次工业革命的兴起,德国无须再用较长的时间来积累这方面的经

---

①　Holger H. Herwig, "The Failure of German Sea Power," in *The International History Review*, Vol. 10, No. 1, February 1988, pp. 79-80.

验知识,只须利用完善的教育体系将最新的工业技术知识应用于海洋发展事业上。这样,即便是原先对海洋不熟悉的民众,也可以依靠新技术驾驭船舶。事实上,随着工业革命的发展,马汉所宣称的"民族特点"要素的重要性下降了。技术发展使得原先的知识、经验相对贬值,使海洋发展事业中的后来者能够赶上先行者的步伐。

统一之后的德国,由于中央政府具有强大的权力,可以调集全国的资源来发展海洋事业,而良好的知识和物质基础又提供了巨大的便利。为发展本国的航运事业,德国政府采用直接或间接的方式,给予商船队各种财政补贴。"通过对德国的船运公司所运输的货物给予更低的铁路运输收费,降低了德国这些船运公司的总体运输成本,方便它们与外国公司竞争。"[1]在政府政策的支持下,德国的民间航运事业获得了快速发展。"1888年,德国商船队还主要是由帆船组成的。其注册吨位为一百二十万吨。1913年,这支商船队已全部改装为轮船,注册吨位为三百一十万吨。船只的数目增加了四分之一(3 811艘—4 850艘),吨位却增加了两倍半,船员增加了两倍。"[2]

与此同时,其在军事领域也出现了类似的大跃进。1890年,德国海军的实力只位居欧洲第五位,排在英国、法国、意大利、俄国之后,仅领先于奥匈帝国。[3]但仅仅20年之后,到第一次世界大战前夕,德国海军已经仅次于英国,位居世界第二。这种飞速发展无疑是德国政府因其海洋发展的需要而大力扶植的结果。

6.2 德国海洋发展的历史进程

历史上,德意志民族海洋发展的历史可以追溯至汉萨同盟时代。但是严格

---

① Matthew S. Seligmann, *The Royal Navy and the German Threat*, 1901—1914: *Admiralty Plans to Protect Trade in a War Against German*, Oxford, 2012, p.12.

② [联邦德国]弗里茨·费舍尔:《争雄世界:德意志帝国1914—1918年战争目标政策》,何江等译,商务印书馆,1987年,第19页。

③ Lawrence Sondhaus, *Naval Warfare*, 1815—1914, Routledge, 2001, p.147.

来说,德国的海洋发展事业是随着18世纪以来德意志民族的觉醒和崛起逐步展开的。进入20世纪,德国的海洋发展事业也曾遭到挫折,直至第二次世界大战之后才逐步走上一条符合德国具体国情的海洋发展道路。大体上,德国的海洋发展事业经历了四个阶段。

6.2.1 1885 年之前:德国海洋发展的序幕

自11世纪起,德国沿海城市自行组建起一个庞大的商业同盟,即所谓的汉萨同盟。在其鼎盛时期,汉萨同盟的商业贸易范围覆盖了整个波罗的海地区,以及大西洋沿岸的挪威、荷兰和英国等地。"这个商业同盟不仅仅代表着它的商业霸权,同时也意味着德意志民族在波罗的海地区的海上霸权。因为汉萨同盟经常需要以武力确保自己的商业利益不受侵犯。"[①]

到中世纪末期,随着民族国家在西欧逐渐形成,发展经济成为新兴的民族国家的要求。这些国家的商人在本国政府的支持下,以重商主义为旗帜,积极开拓海外市场;同样是在国家政权的支持下,这些国家相继组建了作为常备军的海军舰队,以支持本国的海洋发展事业。而古老的汉萨同盟这样一个松散的商业城市联盟,很难与荷兰、英国、法国这样的民族经济体展开竞争,逐渐走向没落。1669年,汉萨同盟最后一次召开了代表大会,随后即逐渐归于沉寂。

继汉萨同盟之后,德意志民族中的一些小诸侯国也曾尝试组建海军,谋求海洋发展事业。其中成绩最为卓著的是17世纪晚期的勃兰登堡选帝侯腓特烈·威廉。他从外国商人手中购买了一些船只,并且聘请了一位荷兰将军作为顾问,组建了所谓的"勃兰登堡舰队"。这支舰队曾参与对瑞典和西班牙的战争。其作战行动包括:对瑞典的一座海岸要塞进行了一次不成功的攻击;参与将一支4 000人的陆军部队运往吕根岛;在大西洋上对一支从美洲返回的西班牙船队

---

① [英]爱德华·米勒等主编:《剑桥欧洲经济史》,第三卷,经济科学出版社,2002年,第88-89页。

发动了一次不成功的袭击战。此外,这支舰队还曾在非洲西海岸和加勒比海地区夺取了两小块殖民地,作为贩卖奴隶贸易的据点。但是到18世纪初,由于经费匮乏,勃兰登堡舰队最终销声匿迹。剩余的船只被拍卖,已经夺取的海外殖民地也全部丧失。

自中世纪至近代早期,德意志民族两次发展自己的海洋事业,都以失败告终。根本原因在于,当世界转向建设民族国家潮流之际,整个德意志民族还处于松散的神圣罗马帝国的统治之下。政治上四分五裂,经济上民生凋敝。特别是17世纪早期的欧洲30年战争,基本上都是以德意志地区作为战场的。其间各路诸侯往往成为外国势力的附庸,整个德意志民族无暇也无力顾及自己的海洋发展事业。而原先的汉萨同盟又缺乏必要的经济和政治资源,在与新兴的民族国家的竞争中,难免败下阵来。

自勃兰登堡舰队消失之后,德意志民族的海洋发展事业即陷入低谷。虽然也有少数属于德国人的商船继续从事航海活动,但由于海洋活动所具有的危险性,当事人往往羞于承认自己是德国人,宁愿寻求其他国家的保护。例如,在18世纪后期的北美独立战争期间,面对英国宣称的对北美大陆实施海上封锁的政策,普鲁士政府为捍卫自己的海上贸易权益,自愿让本国商船接受俄国海军的保护。拿破仑战争后,随着英国确立了其在海洋上的霸主地位,德国商船在亚洲和非洲进行贸易时,会寻求英国海军的庇护。直至1871年德国统一,这种令人尴尬的状况仍未改变。德国海军上将蒂尔皮茨在其回忆录中写道:"1871年,他所在的舰船奉命开赴北海渔场,保护德国的渔船。但是当他们抵达目的地之后却发现,他们所要保护的对象——出于安全考虑——根本不敢悬挂德国旗帜,而是宁愿把自己打扮成荷兰人。"①

随着德国的统一,无论是出于经济考虑还是国家的荣誉和尊严的需要,德国都必须着手发展海洋事业。

---

① Grand Admiral Von Tirpitz, *My Memoirs*, Vol. 1, New York, 1919, pp. 19-20.

6.2.2 1885—1918年:挑战英国的海洋霸权

1871年德意志帝国建立后,在老成持重的宰相俾斯麦的主导下,德国在海洋发展方面继续保持克制态度。他拒绝谋求殖民地,以免刺激其他海洋强国。当一位德国的非洲探险家向俾斯麦展示一幅非洲地图时,这位宰相回答道:"俄罗斯在此,法国在此,我国夹在中间。余之非洲地图便是如此。"①为了外交需要,俾斯麦甚至不愿在海外谋求任何属于自己的港口和海军基地。早在1868年,一艘德国军舰巡航加勒比海,期间曾停靠哥斯达黎加的一座港口。当地传言,德国舰长负有与哥斯达黎加政府谈判的使命,以便将这座港口租借给德国,作为德国海军的基地。这个消息传到柏林,令俾斯麦深感恼怒。他害怕"奥古斯塔"号舰长的轻浮举动将损害普鲁士与美国的关系。

然而随着经济的发展和综合国力的提升,德国迅速从农业国转变成工业强国后,其不仅要确保维持资本主义工业生产所必需的原料进口,并尽可能地控制原料产地,更需要确保工业产品的出口市场,寻求更多的海外殖民地。这是资本主义发展过程中的必经之路,并不以人们的意志为转移。总而言之,德国意识到夺取海外殖民地既是获取产品市场和工业原料的需要,也是体现德国世界强国地位的象征。到19世纪80年代,德国要求重新瓜分世界殖民地的欲望日益迫切,举国上下都充斥着"渴望得到阳光下的土地"的呼声。

1884年11月至次年2月,俾斯麦发起并主持了欧洲14国列席的"柏林会议"。这次会议的中心议题是瓜分非洲刚果地区。最终,列强间达成协议,德国获得了西南非洲的一块殖民地。紧接着,它又把南太平洋上的所罗门群岛收入囊中。这次会议标志着德国踏上了对外殖民扩张的帝国主义道路。

1888年,德皇威廉二世继位。这位皇帝有着更加强烈的对外扩张欲望。这种愿望最终被冠以"世界政策"的称号。同时期马汉所推出的海权理论备受德皇

---

① [美]亨利·基辛格:《大外交》,顾淑馨、林添贵译,海南出版社,1997年,第126页。

威廉二世的推崇。他声称自己"不是在阅读马汉的著作，而是在用心灵去理解"①。此时的德国已经拥有了一支初具规模的商船队，并且规模仍在不断扩充。这使得德国在和平环境下通往世界的航路畅通无阻。但在德国人看来，这是远远不够的。他们还需要殖民地和海军。因为"舰队……是要保证德国获得与其文化和经济潜力相称的世界强国地位……只有这样，才能享有世界列强公认的平等权利。尽管德国在瓜分世界的过程中姗姗来迟……然而德意志民族有责任如此地改变殖民世界的现状：即德国的地位应与其要求相适应，应与其经济、军事、文化方面的潜力相适应……海军是攫取世界强国地位的先决条件……建立一支强大的舰队的目标（作为德国的要求的体现），竟变成了德国人民的普遍愿望"②。现实中，这种认识还得到某些例证的支持。1899年，英国和南非的布尔人爆发战争。两艘德国商船在南非附近海域遭到英国海军的拦截，以检查它们是否运有给布尔人的武器。此举在德国国内引发了强烈的抗议浪潮。德国人相信，这次事件的根源在于德国缺乏一支强大的海军。所以，如果想要确保国家未来的经济增长和国际地位，就必须确保海洋发展事业不受阻碍。这就意味着必须发展一支强大的海军。作为反面例证，德国人把历史上汉萨同盟和荷兰海外殖民帝国的衰落归咎于他们海军实力的衰落。对现实和历史的认识交织到一起，使得德国人在很大程度上把海洋发展理解为海军建设。而且，作为殖民浪潮的后来者，德国人很自然地把拥有最多殖民地的英国视为对手。德国海军的建设也被设计成专门对付英国的工具。

19世纪末，由于一系列政治、经济和技术原因，英国的海上霸主地位已经被削弱。"面对着19世纪90年代正在建立的五六支外国舰队时，不管怎样追加发展经费，皇家海军都已不能再像19世纪中叶那样'控制大海'了。正如海军部反复指出的那样，它有能力在西半球接受美国的挑战，但只有把战舰从欧洲海域调

---

① Nikolai Lambi: *The Navy and German Power Politics*, 1862—1914, Allen & Unwin, 1984, p. 34.

② ［联邦德国］弗里茨·费舍尔：《争雄世界：德意志帝国1914—1918年战争目标政策》，何江等译，商务印书馆，1987年，第9页。

去才能做到；同样它有能力扩大皇家海军在远东的规模，但必须削减地中海舰队。它不可能处处强大。"①

基于以上情况，德国提出了所谓的"风险舰队"战略。其基本要点是，德国将打造一支拥有一定实力的舰队。这支舰队的实力不必强于英国海军，但足以向其发起挑战。如果英德交战，德国舰队将会被英国海军所消灭，但同时后者也会深受重创，从而令英德以外的第三方势力坐大。德国并不打算从英国那里夺取海权，而是要使英国面临失去海权的风险。这样的风险将促使英国不敢阻挡德国施行其"世界政策"。德国就可以放手攫取海外殖民地，而无须担忧英国的阻挠。

根据马汉的理论，一个国家的海洋发展是以经济因素为牵引的一项长期的综合性工程。而德国受其传统的普鲁士军国主义历史和文化的影响，在海洋发展过程中不知不觉地偏离了经济轨道，变成了一场以英国为对手的海军军备竞赛。这是当时帝国主义国家之间在海洋扩张方面最尖锐的矛盾，最终引发了第一次世界大战。

6.2.3 1919—1945 年：海洋发展事业的全面军事化

第一次世界大战的失败终结了德意志帝国。战后，根据《凡尔赛和约》的规定，德国失去了所有海外殖民地，其海军的规模也受到严格限制，经济上更须支付巨额赔款。此前德国海洋发展过程中的收获几乎在一夜之间全部丧失。尽管如此，德国本身的经济、工业、教育等基础性设施仍然完好无损。这为德国重新崛起提供了前提。

战败的德国时刻希望复仇，最终为纳粹上台铺平了道路。在总结一战失败的经验教训的基础上，纳粹首脑希特勒得出结论，认为像德国这样的大陆性国家

---

① Paul M. Kennedy, *The Rise and Fall of the Great Power*, New York: Vintage Books, 1989, p. 227.

很难在海洋发展中与英国这样的传统海洋强国一争高下。由于欧洲大陆牵扯了德国大部分的资源,如果同时与英国展开海洋竞争的话,德国不仅是自不量力,而且还有自投罗网的嫌疑。因此,纳粹为德国定下的扩张战略是先大陆后海洋。扩张的重点由遥远的殖民地转变为在欧洲大陆扩展生产空间。所以,纳粹领导下的德国对于海洋发展事业明显缺乏兴趣。

然而尽管如此,并不表明纳粹德国不明白海洋的重要性。恰恰相反,正是总结了德国在一战期间遭到海上封锁最终导致经济崩溃的教训,纳粹德国充分认识到德国对海洋的依赖,只是迫于当前的现实,试图建立一个能够自给自足的经济体系。这一想法在1935年颁布的"四年计划"中得到了充分体现。"这个计划的目标是要使德国在四年后能自给自足,这样战时的封锁就不会使它窒息。进口减到最低限度……设立了巨大的工厂,制造人造橡胶、人造织物、人造燃料……从本国的低级铁矿石中炼出钢来。"[①]至少在征服欧洲大陆以前,德国不再从经济的角度谋求海洋发展。但是出于政治和军事考虑,德国仍希望建设一支强大的海军。

希特勒首先将海军视为外交谈判的筹码。为了拉拢英国,希特勒于1935年与英国签订了《英德海军协定》,自愿将德国海军的规模限制在英国海军规模的35%。但是随着纳粹的侵略野心日益膨胀,英国最终不得不放弃绥靖政策,与德国做坚决的斗争。随后,德国再一次将海军视为与英国斗争的工具。只不过这一次,由于德国已经放弃了通过海洋发展谋求经济利益的打算,所以,德国海军的方针是在战时对英国实施海上封锁,通过窒息英国经济的方式最终迫使其投降。为此,希特勒于1939年初批准了扩充海军的"Z计划",要求"到1948年将舰队规模扩充至6艘大型战列舰,8艘袖珍型战列舰,4艘航空母舰,44艘轻巡洋舰,68艘驱逐舰和233艘潜艇"[②]。

尽管由于1939年第二次世界大战爆发,"Z计划"最终胎死腹中,但是德国

---

① [美]威廉·夏伊勒:《第三帝国的兴亡》,世界知识出版社,1996年,第380页。
② [德]卡尔·冯·邓尼茨:《第二次世界大战中的德国海军战略:对四十个问题的答复》,上海外国语学院德法语系译,上海人民出版社,1976年,第38页。

"将海洋作为扼杀敌人经济的战场"的战略方针没有任何改变。同时,由于希特勒坚持其先大陆后海洋的扩张方针,以致在英国尚未投降前急于对苏联开战,德国海军再次单独对抗英国。由于德国海军过于弱小,且短期内很难建造足够数量的大型舰船,德国很自然地得出结论,在与英国的战争中,"最合适的战斗武器,而且建造速度又快——与建立一支舰队相比——那就是潜艇"[①]。

潜艇是一种独特的海军舰船。它虽然可以摧毁敌人的商船,但不能确保本国对海洋的利用。德国大量使用潜艇武器,充分说明了它无意发展海洋事业,而只打算破坏敌人在海洋上的利益。然而,随着德国在第二次世界大战中的总体性失败,德国在海洋上的破坏战略同样以破产而告终。

6.2.4 1945—1991 年:依附性的海洋发展

当第二次世界大战结束时,德国已经不复存在。它的国土被一分为四,分别交由四个战胜国管理。随着冷战的到来,德国最终被分为两个国家,即归属西方阵营的联邦德国和属于东方阵营的民主德国。正如历史所证明的那样,当德意志民族处于分裂状态时,它对海洋的关注是有限的。19 世纪统一之前的德意志民族将其海上利益置于英国的照看之下;在冷战的历史背景下,由于身处冷战的最前线,两个德国的海洋发展事业都处于低潮期。

作为经济高度发达的工业化国家,无论是民主德国还是联邦德国,其经济发展都依赖于海运通道的安全畅通,大部分原材料和工业产品需要通过海运的方式与世界其他地区进行交换。但作为各自军事集团中的卫星国,德国人不得不将自身的海洋利益委托给他们各自所依附的超级大国予以照看。

在军事上,无论是联邦德国还是民主德国,都将战略重点放在陆军和空军方面。海军的发展受到相对的忽视。这不仅是财政负担所限,更是两个超级大国

---

① 〔德〕卡尔·冯·邓尼茨:《第二次世界大战中的德国海军战略:对四十个问题的答复》,上海外国语学院德法语系译,上海人民出版社,1976 年,第 42 页。

出于自身利益的考虑，蓄意压制所致。无论是联邦德国海军还是民主德国海军，都被严格限制为一支近海防御性的海军。其中，属于东方阵营的民主德国海军表现得更为明显。它基本上是一支以轻型舰艇为主体的海岸防御舰队。其主要战略使命是在战时配合苏联和波兰海军，在波罗的海作战。而联邦德国海军的战略任务则包括：扼守波罗的海的出海口，防止苏联波罗的海舰队冲入北海；确保通往北海诸港航道的畅通；阻止华约部队占领位于波罗的海的丹麦半岛；辅助加强通往西北欧，特别是德国港口的海上运输线的安全；把增援部队及军需运至作战海域，阻止并打击华约对西欧的进攻。由于被置于两大军事集团对抗的大环境下，德国被迫放弃了自己在海洋发展上的野心，只能谋求对海洋发展的和平利用。

虽然在政治上受到严格限制，但是德国仍发展涉及海洋和海军的种种高新技术。拜德国先进的工业技术和科研实力所赐，德国仍然是世界上海军技术较为先进的强国。基于政治和历史原因，德国拒绝发展航空母舰和核潜艇之类的战略性海军武器，甚至连驱逐舰等大型军舰也只是从国外少量引进。本国产品仅限于护卫舰和常规潜艇。但其产品质量上乘，装备本国海军外，还大量出口。其中以 MEKO 型护卫舰和常规潜艇最为著名。

此外，由于第二次世界大战后第三次科技浪潮的兴起，高新技术的发展使得人类对海洋本身所蕴藏的资源的开发能力大大加强。这成为海洋发展的重要组成部分。在这个领域，德国亦走在前列。其在海上近岸工程、船舶制造、水下技术、资源评价与提取系统、海冰技术、海洋测量系统以及环境保护等方面均取得重大成就。特别是其锰结核开采与液压提升采矿技术有独到之处。

这些军事科研和民用经济领域的成就无疑为德国成为一个地区性海洋强国奠定了坚实的物质基础。

6.3 当代德国的海洋发展状况

1990—1991 年间，两德合并，冷战结束。欧洲的地缘战略环境和安全格局发生了自二战以后最为深刻的变化。欧洲大陆上北约和华约两大军事集团的对峙不复存在,德国也不再担心华约阵营的入侵,欧洲局势趋向缓和,德国在一夜之间从两大军事政治集团对峙的战略前沿变成了安全系数大为增加的欧洲的中心。自 19 世纪末以来,德国首次获得了全方位的陆地边界安全,周边已不存在明显的潜在敌人。

德国人自己判断,在冷战后的新环境中,既不存在对德国领土与主权完整的现实军事威胁,也不存在对德国盟国的现实军事威胁。德国地处欧洲中心,战略地位显得更加重要。在欧洲,虽然仍存在着巴尔干半岛的局部纷争,但是与德国海军有关的波罗的海和北欧发生纷争的可能性几乎没有。另外,由于政治、经济、民族和宗教矛盾,欧洲一些国家不断出现新的危机和冲突,恐怖主义、非法移民和有组织的犯罪活动日渐猖獗。前苏联地区的动乱和俄罗斯的强大军事力量也让德国感到不安。德国认为,冷战时要对付的是单一的、确定的威胁,而现在要对付的则是在更大范围内的、多方面的、多维的和多方向的难以预测的威胁。

基于多方面的现实,德国政府对本国的安全形势作出了三点判断:第一,大规模的威胁生存的侵略危险已经消除,德国的领土完整及其盟国的领土不会在近期内受到现实的军事威胁;第二,欧洲其他地区的形势却受着战争、野蛮和压迫的影响;第三,由于华约解散、东欧剧变和苏联解体,东欧出现了权力真空,为德国向该地区扩展和渗透创造了有利条件。① 另外,重新统一之后的德国成为世界第三大经济强国。因此,德国不仅在欧洲的一体化进程中起着举足轻重的作用,而且有可能成为具有世界影响力的大国。这也正是德国孜孜以求的战略目标。1994 年,德国联邦宪法法院作出了允许德军在境外部署的裁决,表明德国加快了谋求世界大国地位的步伐。在此前后,德军接连参与了联合国在南斯拉夫、伊拉克、柬埔寨和索马里的维和行动。

除了政治上的重大改变以外,冷战的结束也使得核大战的阴云消失,国家间的竞争从以核军备为中心的军备竞赛转变为以经济为中心的综合国力的竞争。

---

① 德国国防部:《1994 年国防白皮书》,1994 年,第 23 - 28 页。

经济竞争的加剧使得海洋作为战略通道的重要性凸显出来。冷战之后，特别是1994年11月《联合国海洋法公约》正式生效以后，许多国家关于领海边界争夺、海洋资源争端等矛盾日益凸显。这些都极大地促进了当代海洋发展观念的形成。它表现为：除了传统的以海洋运输安全为中心的海洋安全问题以外，还必须强化以海洋资源开发为核心的海洋国土观念。这些又与冷战后新出现的诸多地区性政治军事冲突等问题交织在一起。在此背景下，除了继续加强海洋科学研究和资源开发工作以外，德国还大幅度提高了对海军的重视程度。尽管时代改变了，但是马汉海权观念中的一些基本原则是不变的。任何国家如果希望利用海洋，就必须以武力为后盾。海军的战略地位因此得到大幅度提升。

冷战结束后，德国对其海军建设作出了重大调整，由过去的近海防御战略向"处理地区性危机"的前沿存在战略转变。德国海军负有两项战略任务，一是作为北约海军力量的一部分，守卫波罗的海出海口，保卫国家海岸线，维护国家海洋权益；二是维护欧洲安全和世界稳定。在北约的战略框架下，在继续确保德国海岸和波罗的海安全的同时，德国海军的战略重点向欧洲以外的世界其他地区拓展。通过在世界其他地区部署海军兵力，德国不仅显示了自己作为北约骨干国家的地位，同时也是为了显示自己作为世界大国的地位。[①]

基于以上任务，德国政府于1992年11月26日修订了新的《国防政策方针》，其中把海军在和平、危机和冲突时期的作战使命归纳为：保卫、支援和显威。所谓"保卫"是指为了本国和盟国的利益，在主要海域经常部署一定的兵力；必要时遵照北约组织统一指挥的作战方案，参加对敌的海上作战，重点是保卫沿海和前沿海域，并确保海上交通线的畅通。所谓"支援"是指德国海军承担为履行"国际义务"而提供技术和后勤援助，为联合国和其他组织提供人道主义的支援，为维护环境保护条例实施监督并对由于环境污染造成的恶果进行抢救，经常对海上搜索与救援提供空中支援等任务。所谓的"显威"是指德国海军根据自己的具体情况派遣舰艇出国访问；与友邦交换士兵以加强平时的训练及其他方式的合

---

① 德国国防部：《2006年国防白皮书》，2006年，第95-96页。

作;舰队经常参加北约组织在大西洋、地中海和英吉利海峡举行的作战编队演习,以显示盟国的实力和团结,同时也显示德国海军参与国际危机的控制能力和战备实力。

由此可见,冷战的结束并没有改变德国的总体战略格局。虽然华约解散,但是北约仍然继续存在。德国的国家安全仍被牢牢绑定在北约的安全框架下。德国的海军战略已经被充分吸收进北约的海军战略当中,并且也是北约海军战略中最主要的那部分。在北约的框架下,德国在海洋上的重大利益事实上仍由美国照看。德国海军事实上并不能真正独立担负起在战时保卫海上交通线安全的责任。只不过随着冷战后北约的任务、职能和性质发生了转变,德国的海洋安全战略也跟着作了调整。在新形势下,德国海军的战略使命主要包括:确保海上通道安全;在国际间出现军事危机时,起平衡和制约作用;参与北约和西欧联盟组织的各种军事演习,保持西北欧的海上安全。

进入新世纪之后,德国海军的战略任务进一步扩展。其战略任务包括以下三个方面:一是保卫国家安全,强化对北约的安全义务。保卫德国及北约盟国是德国海军的首要任务,这一战略使命要求德国海军同北约盟国一起,不间断地保卫海岸、领海以及对德国进行增援和补给的海上交通线,在重要海域显示军事存在。其中最为重要的就是保护海上贸易,以及商业港口设施。作为一个发达的工业化国家,德国的经济对国际贸易以及海外原料依赖极大。这就要求德国海军既具备远洋作战的能力,又具备沿岸作战的能力。二是致力于危机处理和阻止冲突。德国海军认为,在危机和冲突一出现时就应该立即加以控制,以避免它们在欧洲扩散,进而影响海洋贸易。通过海军积极参与危机处理和阻止冲突的行动,维护欧洲与北美之间的海上联系纽带,德国可以向盟国显示团结的诚意。三是对外交流,推动建立欧洲新安全结构。德国海军十分强调通过双边和多边合作以及人员往来促进了解与信任。近年来,德国广泛与北约盟国及伙伴国进行包括军事培训、联合演习等在内的频繁交流,并派出舰队出访各国,增进互信。每年德国有75%的计划都是涉及双边或多个国家的。此外,德国海军还参与打击走私、贩毒、偷渡等违法行为,并担负德国海岸石油污染监测、海上搜救等其他任务。这些都表明了德国海军正在将其影响扩展到整个欧洲和欧洲以外的地区。这一战略转变，要求德国海军将其战略重点从本国海岸线转向远洋。这也是冷战结束之后凸显德国作为世界大国的地位的要求。

新的战略对德国海军建设产生了巨大影响。虽然 1990 年两德合并使得德国海军突然壮大不少，但是德国人深知，这两支冷战背景下建设起来的海军很难适应后冷战时代的要求。所以，在随后的数年间，德国海军的规模迅速缩小。从原民主德国海军那里接收的军舰，基本上被废弃或者廉价出售；原联邦德国海军的舰艇也大量退役；指挥机关被精简，以提高效率。到 2005 年，德国海军官兵数量被压缩到 2 万人，作战舰船缩减至 56 艘，仅保留 6 个海军基地。德国海军将在保持并改进在公海、沿海作战能力的同时，重点加强和提升联合作战的能力。

与此同时，德国海军也在努力从原先的近海防御海军向一支精干的远洋海军过渡。德国海军更多地参与以美国为首的国际军事行动。最早是在 1991 年海湾战争期间，德国海军派出扫雷舰队，协助盟军清除波斯湾内的水雷。这是二战结束后德国海军首次在欧洲以外地区参与军事行动。从 1992 年开始，南斯拉夫解体所导致的巴尔干地区的不稳定，也促使德国海军常年在地中海和亚得里亚海部署军舰。截至 1999 年，德国舰队在北约框架下，参与了针对波黑的海上封锁和科索沃战争。

这些行动表明，德国海军的战略重点从波罗的海转向应付世界范围内的地区威胁，在北约集体防御的框架下，在保护海上交通线、战略要地、沿海地区及领海的同时，还要具备防御非对称威胁的能力。德国海军最可能执行的一项工作是危机管理和预防冲突。具体包括：显示海上存在、侦察、监视及海上拦截。除此之外，德国海军还要承担保障和支援陆上作战的任务。当盟国受到威胁需要作出快速反应时，德国海军舰艇可以参加北约常备海军，在欧洲周边海域展开行动。其中规模较大的一次行动发生在 2006 年。德国向黎巴嫩派遣了 2 艘护卫舰、2 艘补给船、1 艘辅助舰船、4 艘巡逻艇和 2 架直升机，参与联合国在黎巴嫩的维和行动。德国舰队的具体任务是在黎巴嫩外海搜查出入该国的船只，检查违禁品。这次行动表明，德国海军正从欧洲走向世界其他地区。

当前,德国海军拥有两个舰队和两个航空兵中队。小型舰艇组成的第一中队驻扎在基尔;较大型的护卫舰组成第二舰队,驻扎于威廉港。[①] 平时,约有20%的舰船处于维修保养状态;40%的兵力用于德国本土防卫;最精锐的40%的兵力用于北约的海上快速反应部队。后者要求德国海军提供两个具有长期保持可用状态的特遣舰队。因此,德国舰队始终是北约常备舰队的组成部分。部分德国舰船常年部署在地中海,执行北约下达的任务。

一个典型的德国海军水面舰艇作战编队由 2 艘护卫舰、1 艘补给船和 1 艘支援舰船组成。其中 1 艘护卫舰承担指挥之职。德国海军认为,这样一个数量有限,但灵活精干的特混舰队的形式,最适合冷战后德国海军执行远洋任务的需求。1994 年,德国海军派遣了一支水面舰艇作战编队前往索马里海域,把在索马里执行维和任务的德国部队撤出。1997 年 9 月,由"巴伐利亚"号护卫舰、"不莱梅"号护卫舰、"勒恩"号补给船和"格吕克斯堡"号支援舰组成的舰队访问了中国上海。

为了适应新世纪以来的战略环境,德国政府对海军进行了大刀阔斧的改组,重新确定了组织体制和兵力结构,全面提高部队的作战能力,包括指挥能力、情报侦察能力、部队机动能力、精确打击能力、支援和持久作战能力以及自我保护能力等。德国海军必须要维持两支能够在"蓝水"海域行动的特遣编队,并能够对联合国、欧盟及其他的国际人道主义行动作出快速的反应。为此,德国海军于2005 年新建了一支海上警卫部队,以应对未来不确定和非对称的恐怖威胁。

2006 年 10 月,德国海军建立了一个"多国濒海合成作战中心",以加强对北约海军转型过程的影响力,负责组织协调德国海军和北约国家海军的训练和演习工作,发展和检验海军的作战理论。根据欧盟联合指挥机构的规划,德国海军舰队司令部也可供欧盟作为海军作战指挥机构使用,并向欧盟战斗群提供海军支援力量。从 2007 年 1 月 1 日起,德国海军开始向欧盟战斗群提供海军支援力量,派出 2 艘护卫舰和 1 艘供应舰与法国等国海军共同组成欧盟海军特遣编队。

---

① 德国国防部:《2006 年国防白皮书》,2006 年,第 95 - 96 页。

当前,德国海军正在进行中的建设计划主要包括:K130型小型护卫舰;一种全新设计的125型护卫舰;212A型常规潜艇;702型补给船;MH90型直升机;124型防空护卫舰。① 这些新式武器保证了德国拥有一支精干、灵活且高质量的舰队。

在可以预见的将来,德国海军将是一支规模有限,但是结构合理和平衡,且在技术上颇为现代化的精锐海上力量。与之配套的则是稳步发展中的德国海洋科学技术。德国的海洋发展事业必将继续平稳地走下去。

6.4 德国海洋发展的特点

纵观百余年来德国海洋发展的历史进程,可谓曲折起伏。首先是长期的默默无闻,紧接着就是异军突起式的狂飙突进,然后是跌入深渊。到第二次世界大战之后,德国的海洋发展事业又重新崛起。大体上,这个复杂的历程可以1945年为分界点,分为前后两部分。德国海洋发展在这两个时间段都有着鲜明的特点。

6.4.1 政治先行的发展模式

作为海洋发展事业中的后来者,德国具有急躁的特征,它表现为军事冒险主义。德国试图在维持自己大陆军事强国的同时,实现其海洋大国之梦。马汉早已指出其中的困难,因为任何国家的经济资源都是有限的,不足以同时支持这两个目标。而德国对此亦深有体会。最终,德国只能寄希望于一套富有军事冒险精神的"风险舰队"理论。这套理论的本质就是试图以政治和心理上的讹诈弥补本国经济资源的不足,为其海洋发展开辟道路。

---

① 德国国防部:《2006年国防白皮书》,2006年,第96页。

原则上,国家的海洋发展事业是为了保障和促进国家的经济发展。然而,当德国人着手从事海洋发展事业时,却走上了歧路。德国人的海洋发展事业首先是以争夺殖民地和市场的形式表现出来的。而由于德国参与瓜分殖民活动相对较晚,它所面临的主要矛盾是愈演愈烈的殖民浪潮和日益缩小的殖民地之间的矛盾。相比之下,列强和殖民地当地人民之间的矛盾已降为次要矛盾。例如,1895 年甲午战争之后,德国联合法俄两国共同举行海军示威,迫使日本放弃了割占中国辽东半岛的企图。数年后,新兴的美国又与老牌殖民帝国西班牙发生战争。这些都说明,争夺殖民地已经演化为帝国主义之间的冲突。德国对此深有体会。当德国试图攫取西班牙在太平洋上的殖民地时,立即遭到了来自美国的强烈反对。威廉二世更是总结道:"二十年后,当舰队准备就绪时,我就可以用另一种腔调说话了。"[①]在此,海洋发展事业中的经济因素退居次要地位,而政治和军事因素上升为主角。海军建设不再是为了直接向本国商船和渔船提供保护,而是为即将到来的瓜分殖民地的谈判添加砝码。只有在谈判成功之后,德国的海洋发展事业才能间接地为国民经济发展服务。

这种先政治后经济的模式成为德国的海洋发展模式,也是其海洋发展事业在德意志帝国时代最终遭遇挫折的根源。既然首先是作为一件政治工具而存在的,那么,德国海军的建设就必须根据当前的政治目标——而非眼下的经济发展需求——来确定。鉴于这个政治目标是要迫使英国在殖民地问题上对德国让步,那么,英国与德国之间的海军实力就变成了一个关键性的谈判砝码。后果就是一场全面的海军军备竞赛。

德国原本希望通过发展壮大海军给英国造成威胁,以迫使后者在海洋发展问题上对德国做出让步,却未曾想到,英国以海权立国,任何对英国海权的威胁就是对其本身生存的威胁,英国势必全力应战,绝无妥协退让的余地。而作为大陆强国,德国不得不在建设海军的同时维持一支庞大的陆军。这就从根本上决

---

① Holger H. Herwig, "*Luxury Fleet*": *The Imperial German Navy, 1888—1918*, Humanity Books, 1987, pp. 99, 101.

定了德国不可能赢得这场军备竞赛的胜利。正如马汉指出的那样,像德国这样同时维持着一支庞大陆军的国家,不可能在海军军备竞赛中胜出。"早在第一次世界大战爆发之前,德国皇帝威廉二世已经承认德国输掉了这场军备竞赛"[①],使得一战期间德国无法打破英国所施加的海上封锁。德国通往欧洲大陆以外的海上交通被切断,加速了德国经济的崩溃,促使其战败投降。

6.4.2　迷信武力,忽视外交

德国在海洋发展中采取了错误的政治和外交战略。与陆地不同,海洋具有全球性的特征,一个国家的海洋政策通常具有广泛的外交含义。德国在发展海洋事业时,试图最大限度地利用其中的外交空间,为自己的发展铺平道路。但是德国在大力发展海外贸易的同时,奉行强硬立场。结果使得本来内容广泛的海洋发展事业变得狭隘,且引起了严重的政治和战略后果。

近代以来的历史经验早已证明,一个处于劣势的海权国家,如果想要挑战英国这样的海权霸主,就必须通过外交手段结成一个广泛的政治联盟。18—19世纪的法国海军挑战英国海权优势的努力屡屡不能成功,其中的原因固然有法国同时谋求欧陆霸权从而分散了国力,另一层原因则在于,法国在欧陆上的争霸活动为它的敌人英国提供了天然盟友,从而为英国在海洋上的争霸提供了便利。如前所述,海洋是一个公共空间,除了交战双方以外,还存在着中立国的利益。法国在大陆上的争霸举动,令那些即便尚未与其发生直接冲突的国家感到自危,以至于不得不认可英国的海权霸主地位,哪怕因此损害自己在海洋上的商业和政治利益也在所不惜。然而在18世纪后半叶的美国独立战争期间,法国海军终于扬眉吐气,突破英国海军的封锁,为北美独立战争的胜利提供了重要的支持。这个巨大的成功源于法国当时的政治意图,即暂时放弃了争霸欧洲的企图。这

---

① Holger H. Herwig, "The Failure of German Sea Power." *The International History Review*, Vol. 10, No. 1, February 1988, p. 79.

使得中立国家在北美独立战争期间不再在英法冲突中倾向英国。以俄国为首的中立国结成武装中立联盟,以对抗英国在海上战争中的蛮横行为。英国的海权优势因此被削弱,从而为法国海军的成功提供了条件。

具体到德国,直至第二次世界大战爆发为止,德国咄咄逼人的侵略扩张主义倾向使其在外交上备感孤立。虽然期间德国也曾努力寻找盟友,但始终无法得到英国和美国这样的海权强国的信任,也无法组建一个足以与之抗衡的国家联盟。德国的海洋发展事业因而总是步履维艰。作为反面例证,当第二次世界大战后德国不再对其他国家构成威胁时,其海洋发展事业就较为顺利。

6.4.3　缺乏正确的海洋观念意识

指导思想和手段的失误可以归结为德国缺乏正确的海洋观念意识。德国的海洋发展事业虽然搞得有声有色,但在思想上,德国人并没有真正理解海洋发展的实质。尽管需要必要的政治和军事上的保障,海洋发展归根结底是一种经济行为,所以,必须考虑经济成本。然而,德国人把海洋发展理解为争夺海上霸权的政治和军事斗争,在发展过程中不顾国力限制,最终招致失败。必须承认,政治和军事斗争从来都是海洋发展事业中的一部分,但毕竟不是根本目的。德国人的做法颇有本末倒置之嫌。

即便是在军事斗争领域,长期受陆军战略文化的影响,德国虽然在第一次世界大战之前建立了一支强大的海军,但从未真正理解海军的战略文化。第一次世界大战期间,德国花费巨资打造的海军基本处于无能为力的境地。德国皇帝威廉二世甚至认为,"最好将舰队留作和平谈判时的筹码"[1]。在战前,这位皇帝把海军视为海洋发展的重要组成部分,然而又不愿真正使用这支海军来保障国家在战时的海上权益,特别是德国急需的海上航运权益。由此可见,德国对海洋

①　Theodore Ropp, "Continental Doctrines of Sea Power," in *Makers of Modern Strategy: Military Thought from Machiavelli to Hitler*, Edited by Edward Mead Earle, Princeton: Princeton University Press, 1952, p. 451.

事业的理解其实是极为浅显的。

一战失败后,德国不仅没有反思自己的失误,反而在"大陆战略"文化的熏陶下提出从经济上退出海洋的观点。在科技高速发展、工业化程度日益提高的时代,这实在是逆历史潮流而动。第二次世界大战期间,时任德国海军总司令的雷德尔曾欣慰地看到,"少数商船突破英国的封锁,为德国带来产自世界其他地区的宝贵工业原料"[①]。这恰恰说明,德国退出海洋的决定在事实上也是不可能的。德国在第二次世界大战中的失败,与其资源匮乏有着莫大的关系。

6.4.4　战后时期注重理性精神

第二次世界大战之后,在战胜国的监督下,德国终于痛定思痛,收敛其霸权野心,走上了和平利用海洋的发展道路。与此同时,战后德国在海军建设问题上也与先前时期截然不同。一方面,德国海军建设取得了令人瞩目的成就;另一方面,德国再未因海军建设给自己带来政治、外交和战略上的麻烦。这为世界各国海军的发展提供了宝贵的启示。

首先,要走具有本国特色的海上"精兵之路"。德国与英、法等国同属欧洲强国,拥有世界上一流的造船技术和电子技术。但是德国根据本国的实际,在海军建设方面走出了一条具有本国特色的海军发展之路,突出表现在强调近海防御和快速反应,低调处理"远海进攻",强调在"北约"的安全框架内发展本国海军,不盲目发展海军力量,始终将海军力量定位在一个能充分满足本国安全、外交所需的合理层次上。

其次,装备发展突出重点,不面面俱到。根据德国海军当前和今后一段时期最迫切的需要,在装备发展方面强调"好钢用在刀刃上"。其装备发展求"精"、求"实",暂不发展驱逐舰以上的大型舰艇,重点发展新型潜艇和多用途护卫舰,提高快速反应能力。这样既能满足德国海上安全的需求,又能节约大量的人力、物

---

① ［德］埃里希·雷德尔:《我的一生》,吕贤臣译,海潮出版社,2008 年,第 320 - 321 页。

力和财力。

最后,处理好数量和质量的关系。德国强调建设一支规模小但技术密集型的海上力量,牢固地树立了"质量制胜"的思想。在大力压缩人员和装备编制的同时,积极推动新技术的发展,推出了模块化的 MEKO 概念、常规潜艇 AIP 技术等新型舰艇。

6.5 德国海洋发展历程对中国的启示

6.5.1 应正确认识马汉的海权理论

马汉的理论是一套冠之以"海权"的历史哲学思想。在马汉看来,海军、殖民贸易和国家的经济发展三者连成一体。在军事战略层面,经由海军舰队获得对海洋的控制,同时剥夺敌人对海洋利用的可能性,从而实现军事和商业运输,以损害敌方陆地上的军事和商业利益。在更大的国家发展战略层面上,海权意味着国家的经济生产、航运和海外殖民地相互结合发展。其中生产是壮大国家经济的根本措施;航运是实现经济利益的手段;而海外殖民地则为生产提供市场,为航运提供安全保障。

马汉的海权理论迅速吸引了那些有志于效仿英国、成为世界强权的国家。对于此刻正希望在殖民地问题上为自己挣得一份"阳光下的土地"的德国而言,马汉的海权理论犹如及时降临的先知,引导着德国的海洋发展事业。德皇威廉二世对马汉的理论备加推崇。但是实践证明,德国人对海权理论的理解是片面的。

直到今天,海权理论对于阐述生产、贸易在国家发展壮大过程中的地位和作用,仍然具有重要的指导意义。但应警惕的是,马汉理论中对海军在海洋发展事业中重要性的强调,又给德国的海洋事业打下了深深的烙印,对其日后的发展产生了深远影响。事实上,伸张海权并不仅仅意味着扩充海军。19世纪末的德意志帝国之所以在海洋发展道路上犯了本末倒置的错误,原因就在于它将海权理论与当时流行的社会达尔文主义相结合,从而使得经济矛盾上升为你死我活的国家冲突和种族间的生存斗争。在当时的思潮环境下,马汉的观点就意味着"海军战略和海外扩张的想法紧密联系在一起"①,而海外扩张又与国家的生产紧密联系在一起。原本国家间的正常的经济竞争最终演变为各国之间你死我活的生存斗争。正是这种偏执的思想,促使新兴的德意志帝国挑战老牌海洋强国英国,并最终招致失败。

当前,一个国家的海洋发展观念也绝不能仅仅局限于马汉的理论。第二次世界大战以后,随着第三次科技浪潮的发展,人类开发海洋本身资源的能力已经大大提高。海洋不仅仅是马汉所宣称的"大马路",同时它本身也是一座资源宝库。因此,开发海洋资源已成为当代海洋发展事业的重要组成部分。

6.5.2 重视经济、教育等基础性建设

德国的海洋发展经验表明,对于海洋发展事业中后发的国家而言,良好的教育体制、科研体系、经济实力及政府强大的组织能力,是实现赶超发展战略的有效手段。19 世纪末的德国,正是乘着第二次工业革命的东风,充分利用新兴的电力、化学和钢铁工业技术,从而在短期内在海洋发展事业上取得了突飞猛进的进步。

教育和知识的普及使得原先需要依靠经验缓慢积累知识的过程大大缩短。德国正是以此在国家统一后不久开始挑战英国的海洋霸主地位。第一次世界大战之后,尽管德国遭到了惨重的损失,仍可以在 20 年之内第二次挑起战争,并且对英国发起挑战。第二次世界大战后,德国又一次重复了这种在废墟上迅速复苏和崛起的过程。这种反复表现出来的惊人的潜力无疑来自德国国内优良的教

---

① Rolf Hobson, *Imperialism at Sea*: *Naval Strategic Thought*, *the Ideology of Sea Power*, *and the Tirpitz Plan*, *1875—1914*, Boston: Brill Academic Publisher, 2002, p. 112.

育体系。

6.5.3 正确的心态和审慎的战略思考

应该认识到,良好的社会组织能力和坚实的物质基础并不足以保证一个国家海洋发展事业的成功。因为一旦决策错误,再多的物质投入也是枉然。德国海洋发展事业所遭受的巨大波折,根源就在于此。

海洋发展固然具有国际竞争的一面,但是竞争不代表单纯的争霸,特别是那种军事性的你死我活的斗争。竞争具有协调与合作的一面。在海洋发展过程中,应尽力解决发展过程中所遇到的种种矛盾,应该以审慎和耐心努力周旋化解,而不是贸然诉诸武力。值得注意的是,尽管德国自 1871 年国家统一后对海洋发展事业投入巨大,但是成效不彰。直至第二次世界大战后,当德国丧失了争夺世界头号强国的野心之后,其海洋发展事业才回到了正常理性的轨道上,并且最终成为一个实力雄厚、技术先进的地区性海洋大国。

6.5.4 注重海洋的公共空间的特性

实践证明,海洋是一个公共空间。海洋发展既涉及国家的主权、利益,同时也与国际法、外交等因素紧密相关。一个国家如果希望其海洋事业顺利发展,应努力融入这个公共空间,遵守其中的规则,并且努力参与制定规则。相反,一味采取对抗、争夺的姿态,只能使自己孤立,并阻碍自身的发展。

德国在海洋发展事业初期所遇到的挫折,即与其急于挑战霸主的心态有关。作为日不落帝国,英国与众多列强矛盾重重,尤其以法国和俄国为最。它们本来是德国海洋发展事业中潜在的盟友。其"风险舰队"战略也正是以此为基础的。然而,德国咄咄逼人的外交政策却将这些国家逼入了英国的阵营。到头来,德国不得不独自面对强敌的包围。

两次世界大战期间,为实施针对英国的海上封锁战争,德国一再侵犯中立国家在海洋上正常的商业利益，特别是为在短期内打败英国而不顾及美国的利益，最终将这个最强大的中立国推入了对方阵营。二战后，德国作为国家社会的平等一员重新以和平的方式加入海洋发展的事业中。只有到这时，其海洋发展事业才不会受到别国的敌视和阻挠。

实践证明，海洋发展是一项长期的事业，不能以拔苗助长的心态力求在短期内有所突破。只有循序渐进，才能实现水到渠成。任何急躁和冒进的做法都是不可取的。

参考文献

[1] 陈海宏. 美国军事史纲[M]. 北京:长征出版社,1991.

[2] 丛鹏. 大国安全观比较[M]. 北京:时事出版社,2004.

[3] 丁一平等. 世界海军史[M]. 北京:海潮出版社,2000.

[4] 冯梁. 亚太主要国家海洋安全战略研究[M]. 北京:世界知识出版社,2012.

[5] 冯梁等. 中国的和平发展与海上安全环境[M]. 北京:世界知识出版社,
    2010.

[6] 何立居. 海洋观教程[M]. 北京:海洋出版社,2009.

[7] 胡杰. 海洋战略与不列颠帝国的兴衰[M]. 北京:社会科学文献出版社,
    2012.

[8] 计秋枫,冯梁等. 英国文化与外交[M]. 北京:世界知识出版社,2002.

[9] 蒋建东. 苏联的海洋扩张[M]. 上海:上海人民出版社,1981.

[10] 姜守明. 从民族国家走向帝国之路:近代早期英国海外殖民扩张研究[M].
    南京:南京师范大学出版社,2000.

[11] 李英男,戴桂菊. 俄罗斯历史之路[M]. 北京:外语教学与研究出版社,
    2002.

[12] 李永采等. 海洋开拓争霸简史[M]. 北京:海洋出版社,1990.

[13] 刘中民. 世界海洋政治与中国海洋发展战略[M]. 北京:时事出版社,2009.

[14] 刘卓明. 俄、英、日海军战略发展史[M]. 北京:海潮出版社,2010.

[15] 石莉等. 美国海洋问题研究[M]. 北京:海洋出版社,2011.

[16] 王屏. 近代日本的亚细亚主义[M]. 北京:商务印书馆,2004.

[17] 王生荣. 海洋大国与海权争夺[M]. 北京:海潮出版社,2000.

[18] 吴廷璆. 日本史[M]. 天津:南开大学出版社,1994.

[19] 薛兴国.俄罗斯国家安全理论与实践[M].北京:时事出版社,2011.

[20] 杨金森.海洋强国兴衰史略[M].北京:海洋出版社,2007.

[21] 杨金森.中国海洋战略研究文集[M].北京:海洋出版社,2006.

[22] 杨育才.欧亚双头鹰:俄罗斯军事战略发展与现状[M].北京:解放军出版社,2002.

[23] 张炜,冯梁.国家海上安全[M].北京:海潮出版社,2008.

[24] 阿拉夫佐夫.德国海军学说[M].北京:中国人民解放军海军司令部出版社,1959.

[25] 安德鲁·兰伯特.风帆时代的海上战争[M].郑振清等,译.上海:上海人民出版社,2005.

[26] 保罗·肯尼迪.大国的兴衰[M].蒋葆英等,译.北京:中国经济出版社,1989.

[27] 戴维森,马克鲁申.远洋的召唤[M].丁祖永等,译.北京:新华出版社,1981.

[28] 弗里茨·费舍尔.争雄世界:德意志帝国 1914—1918 年战争目标政策[M].何江等,译.北京:商务印书馆,1987.

[29] 戈尔什科夫.国家海上威力[M].房方译.北京:海洋出版社,1985.

[30] 赫尔曼·库尔克,迪特玛尔·罗特蒙特.印度史[M].王立新等,译.北京:中国青年出版社,2008.

[31] J.R.希尔.英国海军[M].王恒涛,梁志海,译.北京:海洋出版社,1987.

[32] 贾瓦哈拉尔·尼赫鲁.印度的发现[M].齐文,译.北京:世界知识出版社,1956.

[33] 卡尔·冯·邓尼茨.第二次世界大战中的德国海军战略:对四十个问题的答复[M].上海外国语学院德法语系,译.上海:上海人民出版社,1976.

[34] 卡皮塔涅茨.俄罗斯应成为海洋大国[M].莫斯科:Вече,2007.

[35] 卡皮塔涅茨."冷战"和未来战争中的世界海洋争夺战[M].岳书瑶等,译.北京:东方出版社,2004.

[36] 科罗特科夫.苏联军事思想史[M].李大军,毛雨,译.北京:解放军出版社,
1986.

[37] 马汉.海军战略[M].北京:商务印书馆,2003.

[38] 马汉.海权论[M].萧伟中等,译.北京:中国言实出版社,1997年.

[39] 潘尼迦.印度和印度洋:略论海权对印度历史的影响[M].德隆,望蜀,译.
北京:世界知识出版社,1965.

[40] 萨姆索诺夫.苏联简史[M].北京:三联书店出版,1976.

[41] 升味准之辅.日本政治史(二)[M].董果梁,译.北京:商务印书馆,1997.

[42] 斯蒂芬·豪沃思.驶向阳光灿烂的大海:美国海军史[M].王启明,译.北
京:世界知识出版社,1995.

[43] 唐纳德·米切尔.俄国与苏联海上力量史[M].朱协,译.商务印书馆,
1983.

[44] 朱利安·S.科贝特.海上战略的若干原则[M].仇昊,译.上海:上海人民出
版社,2012.

[45] 曹云华,李昌新.美国崛起中的海权因素初探[J].当代亚太,2006(5).

[46] 胡德坤,刘娟.从海权大国向海权强国的转变——浅析第一次世界大战时
期的美国海洋战略[J].武汉大学学报:哲学社会科学版,2010(4).

[47] 黄友牛,谷学海,梁东兴等.海洋观的历史演变与海军装备的发展趋势[J].
海军工程大学学报:综合版,2005(2).

[48] 李兵.印度的海上战略通道思想与政策[J].南亚研究,2006(2).

[49] 刘佳,李双建.新世纪以来美国海洋战略调整及其对中国的影响评述[J].
国际展望,2012(4).

[50] 刘新华,秦仪.海洋观演变论略[J].湖北行政学院学报,2004(2).

[51] 倪国江,文艳.美国海洋科技发展的推进因素及对我国的启示[J].海洋开
发与管理,2009(6).

[52] 宋德星,程芬.世界领导者与海洋秩序——基于长周期理论的分析[J].世
界经济与政治论坛,2007(5).

[53] 宋德星,白俊."21世纪之洋"——地缘战略视角下的印度洋[J].南亚研究,
    2009(3).

[54] 宋国明.英国海洋资源与产业管理[J].国土资源情报,2010(4).

[55] 王琪,季晨雪.海洋软实力的战略价值[J].中国海洋大学学报:社会科学
    版,2012(3).

[56] 王义桅.美国重返亚洲的理论基础:以全球公域论为例[J].国际关系学院
    学报,2012(4).

[57] 王印红,王琪.中国海洋软实力的提升途径研究[J].太平洋学报,2012(4).

[58] 吴征宇.海权与陆海复合型强国[J].世界经济与政治,2012(2).

[59] 修斌.日本海洋战略研究的动向[J].日本学刊,2005(2).

[60] 郑励.印度的海洋战略及印美在印度洋的合作与矛盾[J].南亚研究季刊,
    2005(1).

[61] 周伟嘉.海洋日本论的政治化思潮及其评析[J].日本学刊,2001(2).

[62] 钭晓东.美国海洋发展战略起步最早,领先全球[N].中国海洋报,2011 -
    9 - 9.

[63] 孙安然.国家海洋事业发展"十二五"规划出台[N].中国海洋报,2013 -
    1 - 25.

[64] 王义桅.美国宣扬"全球公域"有何用心?[N].文汇报,2011 - 12 - 27.

[65] 张建刚.2030年中国将圆海洋强国之梦[N].环球时报,2013 - 1 - 10.

[66] 姜延迪.国际海洋秩序与中国海洋战略研究[D].长春:吉林大学,2010.

[67] 李东霞.1815年前的海权、海军与英帝国[D].南京:南京大学历史系,
    2004.

[68] 孙晓翔.利维坦的末日——英国的海军政策与战略1922—1942[D].未刊
    稿.南京:南京大学历史系,2011.

[69] 安藤昌益.日本思想大系45[M].日本:岩波书店,1977.

[70] 川勝平太.海洋聯邦論[M].日本:PHP研究所,2011.

[71] 角田順.満州問題と国防方針[M].日本:原書房,1967.

[72] 平間洋一. 日英同盟——同盟の選択と国家の盛衰[M]. 日本:PHP 研究所,2000.

[73] 日本海空技術調査会. 海洋国家日本の防衛[M]. 日本:原書房,1972.

[74] 自民党安全保障調査会. 日本の安全防衛[M]. 日本:原書房,1966.

[75] 大畑笃四郎. 大陸政策論の史的考察[J]. 国際法外交雜誌,2001,68(4).

[76] 酒匂敏次. 海洋国家日本の存在感[J]. ニューズレター. 2011.

[77] A. R. Tandon. India and the Indian Ocean [M]//K. K. Nayyar. Maritime India. New Delhi:National Maritime Foundation,2005:32.

[78] Biliana Cicin-Sain, Robert W. Knecht. The Future of U. S. Ocean Policy:Choices for the New Century[M]. Island Press,2000.

[79] E. B. Potter. Sea Power. A Naval History[M]. Englewood Cliffs, N. J. :Prentice Hall, Inc. , 1960.

[80] G. A. Ballard. Rulers of the Indian Ocean[M]. London:Duckworth, 1927.

[81] G. V. C. Naidu. The Indian Navy and Southeast Asia[M]. New Delhi: Knowledge World,2000.

[82] Geoffrey Till. Seapower:A Guide for the Twenty-First Century[M/OL]. London:Taylor & Francis e-Library,2005.

[83] Government of India (GOI). India 2002:A Reference Manual[M]. New Delhi:Ministry of Information and Broadcasting, Publications Division, 2003.

[84] Holger H. Herwig. "Luxury Fleet":The Imperial German Navy, 1888—1918[M]. Humanity Books,1987.

[85] Jaswant Singh. Defending India[M]. London:Macmillan Press Ltd, 1999.

[86] Jasjit Singh. Indian Ocean and Indian Security [M]//Satish Kumar. Yearbook on India's Foreign Policy, 1987—1988. New Delhi:Sage

Publicatins，1988：131.

[87] J. R. Seeley. The Expansion of England：Two Courses of Lectures[M]
London：Macmillan，1914.

[88] Lawrence Sondhaus. Naval Warfare，1815—1914[M]. Routledge，2001.

[89] M. P. Awati. Maritime India：Traditions and Travails[M]//K. K.
Nayyar. Maritime India. New Delhi：National Maritime Foundation，
2005：9.

[90] Mark A. Berhow. American Seacoast Defense：A Reference Guide[M].
Coast Defense Study Group Press，2004.

[91] Matthew S. Seligmann. The Royal Navy and the German Threat，1901—
1914：Admiratly Plans to Protect Trade in a War Against German[M].
Oxford，2012.

[92] Rakesh Chopra. Energy Security for the Asian Region 2020 and Beyond
[M]//K. K. Nayyar. Maritime India. New Delhi：National Maritime
Foundation，2005.

[93] Paul M. Kennedy. The Rise and Fall of the Great Power[M]. New
York：Vintage Books，1989.

[94] Paul M. Kennedy. The Rise and Fall of British Naval Mastery[M].
London：Macmillan，1983.

[95] Robert O. Work. Winning the Race：A Naval Fleet Platform
Architecture for Enduring Maritime Supremacy[M]. Center for Strategic
and Budgetary Assessments，2005.

[96] Sangram Singh. Maritime Strategy for India[M]//K. K. Nayyar.
Maritime India. New Delhi：National Maritime Foundation，2005.

[97] V. M. Hewitt. The International Politics of South Asia[M].
Manchester：Manchester University Press，1991.

[98] Arun Prakash. Maritime Challenges[J]. Indian Defense Review，2006，

21(1).

[99] Catherine Zara Raymond. Maritime Terrorism in Southeast Asia: A Risk Assessment[J]. Terrorism and Political Violence, 2006(18).

[100] Donald L. Berlin. India in the Indian Ocean[J]. Naval War College Review, 2006, 59(2).

[101] Gal Luft, Anne Korin. Terrorism Goes to Sea[J]. Foreign Affairs, 2004, 83(6).

[102] Holger H. Herwig. The Failure of German Sea Power [J]. The International History Review, 1988, 10(1).

[103] K. R. Singh. Indian and the Indian Ocean[J]. South Asia Survey, 1997, 4 (1).

[104] K. R. Singh. The Changing Paradigm of India's Maritime Security[J]. International Studies, 2003, 40(3).

[105] Robert D. Kaplan. Center Stage for the Twenty-first Century: Power Plays in the Indian Ocean[J]. Foreign Affairs. 2009, 88(2).

[106] Amand Giridharadas. Newly Assertive India Seeks a Bigger Place in Asia[N]. International Herald Tribune, May 12, 2005.

[107] UK Department for Business, Innovation and Skills. A Strategy for Growth for the UK Marine Industries[R]. 2011.

[108] US Commission on Marine Science, Engineering and Resources. Our Nation and the Sea: A Plan for National Action[R]. Washington D. C. : US Government Printing Office, 1969.

[109] National Sea Grant College and Program Act of 1966[EB/OL]. http:// www. house. gov/legcoun/Comps/nsgpc. pdf, accessed on January 20, 2013.

[110] Ronald O'Rourke. Potential Navy Force Structure and Shipbuilding Plans: Background and Issues for Congress[EB/OL]. 2005. http://

www. ndu. edu/library/docs/crs/crs_rl32665_25may05. pdf.

[111] The White House. National Security Strategy of the United States [EB/OL]. (2010) [2013 - 10]. http://www. whitehouse. gov/sites/default/files/rss_viewer/national_security_strategy. pdf. Accessed on January 10, 2013.

[112] US Navy and US Coast Guard: A Cooperative Strategy for the 21st Century Seapower[EB/OL]. October 2007. available at: http://www. navy. mil/maritime/maritimestrategy. pdf.

[113] US Ocean Action Plan: The Bush Administration's Response to the US Commission on Ocean Policy[EB/OL]. http://data. nodc. noaa. gov/coris/library/NOAA/other/us_ocean_action_plan_2004. pdf.

[114] Freedom to Use the Seas: India's Maritime Military Strategy[Z]. New Delhi: Integrated Headquarters, Ministry of Defence (Navy), 2007.

[115] HM Government. A Strong Britain in an Age of Uncertainty: The National Security Strategy[Z]. October 2010.

[116] HM Government. Securing Britain in an Age of Uncertainty: The Strategic Defence and Security Review[Z]. October 2010.

[117] Indian Maritime Doctrine[Z]. New Delhi: Chief of Naval Staff, 2004.

[118] UK. Ministry of Defence. British Maritime Doctrine[Z]. 1999.

[119] UK. Ministry of Defence. British Maritime Doctrine[Z]. August 2011.

图书在版编目(CIP)数据

世界主要大国海洋经略：经验教训与历史启示 / 冯梁
主编. — 南京：南京大学出版社，2015.11
（南海文库 / 朱锋，沈固朝主编）
ISBN 978-7-305-15880-3

Ⅰ.①世… Ⅱ.①冯… Ⅲ.①海洋经济－经济发展战
略－研究－世界 Ⅳ.①P74

中国版本图书馆 CIP 数据核字(2015)第 216708 号

出版发行　南京大学出版社
社　　址　南京市汉口路 22 号　　　邮　编　210093
出 版 人　金鑫荣
丛 书 名　南海文库
书　　名　**世界主要大国海洋经略：经验教训与历史启示**
主　　编　冯　梁
责任编辑　李鸿敏

照　　排　南京南琳图文制作有限公司
印　　刷　南京大众新科技印刷有限公司
开　　本　718×1000　1/16　印张 13.5　字数 220 千
版　　次　2015 年 11 月第 1 版　2015 年 11 月第 1 次印刷
ISBN 978-7-305-15880-3
定　　价　58.00 元

网址：http://www.njupco.com
官方微博：http://weibo.com/njupco
官方微信号：njupress
销售咨询热线：(025)83594756